全固体電池入門

高田和典
編著

菅野了次・鈴木耕太
著

日刊工業新聞社

はじめに

　本書を手にする読者の方々は、全固体電池や固体電解質に興味を持っていらっしゃるに違いないが、「固体イオニクス（Solid State Ionics）」という言葉を耳にされた方はそれほど多くはないかもしれない。この言葉は、固体内のイオン移動に関する基礎および応用研究分野を指すもので、電子や正孔が機能を担うものがエレクトロニクスならばイオンが機能を担うものはイオニクスであり、それが固体内で起こることから名づけられたものである。

　固体中をイオンが移動して電気を運ぶという現象は目新しいものに思われるかもしれないが、Funke の総説（*Sci. Technol. Adv. Mater.,* 14, 043502（2013））によると、固体イオニクスの歴史はファラデーの法則で有名な Michael Faraday にまでさかのぼるべきであるとされている。Faraday が銀の硫化物や鉛のフッ化物を加熱していくと融液状態にいたる前の固体状態においてもイオン伝導を示すことを発見したのは、1834年のことである。これが世界初の超イオン伝導相への相転移の発見であると位置付けられるのは、高温で酸化物イオンの伝導性を示すことが見出された安定化ジルコニアが固体酸化物形燃料電池（solid oxide fuel cell：SOFC）に応用され、ナトリウムイオンが伝導する β-アルミナを電解質としたナトリウム–硫黄電池が開発されたのちの1976年のことである。

　その間にもたらされた大きな固体イオニクスの進展は、室温付近やさらに室温以下の温度域においても高いイオン伝導度を示す物質が開発されたことであり、"Solid-State Ionics" の名が冠せられた研究論文が発表されたのもこの頃（1971年）である。この論文は、室温で水溶液に匹敵するイオン伝導度を示す $RbAg_4I_5$ を固体電解質として使用した電気化

i

学セルにおいて、Ag_2Se や Ag_2Te 内における銀の拡散定数や不定比性を調べたものである。この電気化学セルの構成は紛れもなく全固体電池であり、固体イオニクスが高温作動型の SOFC やナトリウム-硫黄電池にとどまらず、室温作動型の電池をも包含する学術領域であることを明確に示すものであった。

　この研究論文は日本の研究者の手によるものであり、固体イオニクスの命名者は日本人ということになるわけであるが、全固体電池のもう一方の「電池」の部分に目を向けてみても日本人の貢献は明瞭である。現時点において蓄電池の販売金額の9割以上は鉛蓄電池、ニッケル水素電池、リチウムイオン電池の3種類の電池によって占められているが、そのうちのニッケル水素蓄電池とリチウムイオン電池は日本のメーカーが世に送り出したものである。このように全固体電池の「固体」も「電池」も日本が世界をリードしてきた分野であり、全固体電池の研究、特にリチウムイオン電池に代わりうる次世代電池としての全固体電池の研究も日本を中心に発展してきたのも、その帰結としてごく自然な流れである。最近では自動車メーカーを中心とした研究プロジェクトにおいても全固体電池の開発が進められるようになり、このまま実用化に結び付くことを願ってはいるが、一方では海外における研究も活発化し、急迫を受ける状態にいたっていることは否めない。

　汎用に足る全固体電池がいまだ実用化されておらず、全固体電池に関する学問も未完成なこの段階で、このような本を上梓することは時期尚早の感は否めない。実際に、本書は全固体電池開発のカギとなる材料である固体電解質においてどのようにすれば高いイオン伝導度を達成することができるか、全固体電池材料はいかにして接合すれば接合界面の抵抗を低いものとすることができるかなど、高い性能を有する全固体電池を実現するための明確な道筋を教えるものとはなってはいない。本書の大半は全固体電池開発の歴史に割かれており、そこに記された全固体電池の性能はすでに古めかしいものとなっている。しかしながら、全固体

電池の開発においてこれまで何が行われてきたかを正確に知ることは、次になすべきことを知るための第一歩であり、それを可能とするものは全固体電池開発の先駆的な役割を担ってきた国に暮らすものの特典であろうとの思いで、本書をしたためたようなしだいである。本書を手にする読者の方々が、全固体電池開発における成果をあげられ、それでなくとも古めかしい本書が一刻も早く時代遅れのものとなることを切に希望する。

　2019 年 2 月

高田　和典

目　　次

はじめに

第 1 章　なぜ全固体電池か 　……………………………………… 1

1.1　蓄電池を取り巻く現状 ……………………………………… 2

1.2　リチウムイオン電池の課題と全固体電池の特徴 ……………………… 3

第 2 章　全固体電池開発の歴史 ………………………………… 13

2.1　固体中におけるイオン伝導の発見 ………………………………… 14

2.2　全固体電池の誕生 ………………………………………… 20

第 3 章　固体電解質の種類 ………………………………………… 27

3.1　銅イオン、銀イオン伝導性固体電解質 ……………………………… 28

　3.1.1　銀イオン超イオン導電体 ……………………………………… 28

　3.1.2　銅イオン超イオン導電体 ……………………………………… 29

3.2　アルカリイオン伝導性固体電解質とその応用 ……………………… 30

　3.2.1　アルカリイオン導電体 ……………………………………… 30

　3.2.2　全固体型電池 ……………………………………………… 32

目　次

3.3　リチウムイオン伝導性固体電解質 ………………………………………… 37

　3.3.1　リチウムイオン導電体の歴史 ………………………………………… 37

　3.3.2　リチウム系固体電解質の分類 ………………………………………… 41

第4章　全固体電池の現状 ……………………………………………… 59

4.1　バルク型電池 …………………………………………………………………… 60

　4.1.1　銀系、銅系バルク型電池 ………………………………………………… 60

　4.1.2　リチウム–ヨウ素電池 …………………………………………………… 66

　4.1.3　硫化物型全固体電池 ……………………………………………………… 68

　4.1.4　硫化物型全固体電池における正極界面 ………………………………… 80

　4.1.5　界面研究における計算科学の役割 ……………………………………… 89

　4.1.6　硫化物型全固体電池の現状 ……………………………………………… 91

　4.1.7　バルク型全固体リチウム電池の展望 …………………………………… 94

4.2　薄膜電池 …………………………………………………………………………… 118

　4.2.1　薄膜電池の歴史 …………………………………………………………… 118

　4.2.2　薄膜電池が示す全固体電池の可能性 …………………………………… 125

第5章　全固体電池材料の評価法 ……………………………………… 133

5.1　材料合成 …………………………………………………………………………… 134

5.2　X線回折法 ………………………………………………………………………… 135

5.3　熱分析 ……………………………………………………………………………… 138

5.4　Raman 分光法 …………………………………………………………………… 139

v

目　次

5.5　交流インピーダンス法 ………………………………………………… 140

5.6　サイクリックボルタンメトリー ……………………………………… 144

5.7　充放電試験 ……………………………………………………………… 145

5.8　全固体電池内部の解析 ………………………………………………… 147

第6章　全固体電池の展望 ……………………………………… 151

索引 …………………………………………………………………………… 158

第1章

なぜ全固体電池か

第1章　なぜ全固体電池か

1.1　蓄電池を取り巻く現状

　我々の身の回りにある小型の蓄電池のほとんどは、鉛蓄電池、ニッケル水素電池、リチウムイオン電池の3種類に限られている。鉛蓄電池の商品化は20世紀初頭のことであり、蓄電池の歴史は100年余りということになるが、そのほかの蓄電池となると、今はほとんど見かけることの少なくなったニッケル–カドミウム蓄電池（ニカド電池）の国内生産が始まったのはずっと下って20世紀半ばのことである。さらに、ニッケル水素電池、リチウムイオン電池の生産となると1990年と1991年のことであり、わずか30年に満たない歴史ということになる。その間にこれらの蓄電池の生産数は順調に増加してきたが、特にリチウムイオン電池は、小型・軽量の特徴を生かすことで、ノートパソコンや携帯電話などのいわゆる携帯電子機器の電源として急速に普及してきた蓄電池である。このように携帯情報端末の電源として、今日の高度情報化社会の構築に大きな貢献をなしてきたリチウムイオン電池であるが、最近では新たな使命を帯びるようになってきた。それが低炭素社会実現への貢献である。

　環境問題の解決は世界的かつ喫緊の課題となっており、地球温暖化防止に向けた二酸化炭素排出量の削減において蓄電池を効果的に活用したエネルギーの高効率利用は極めて重要な位置を占めている。その一つが世界的な流れとなっている自動車の電動化である。現在の我が国における電源構成において、電気自動車の二酸化炭素排出量はガソリンエンジン車の約半分であると試算されている。実用的な航続距離を持つ電気自動車の実現に高性能の蓄電池が不可欠であることは言を俟たない。さらに電源構成における太陽光発電や風力発電などの再生可能エネルギーの比率が上がればこの削減量も大きなものとなるが、時間的な変動が大きく、計画的な発電をすることのできないこれらの発電比率を上げるには限界がある。それを可能とするものもまた電力系統を円滑化するための

蓄電池であり、スマートグリッドやマイクログリッドに定置用の蓄電池を組み込むことで再生可能エネルギーの大量導入が可能となる。さらにピークシフトの効果なども考慮すると、高性能蓄電池が温暖化防止に果たす役割は極めて大きい。

　全固体電池の研究が開始されたのは意外に古く、1914 年に α-AgI が水溶液に匹敵するほどの高いイオン伝導度を示すことが見出されたのを契機に開始され、1950 年頃にはいくつかの企業においても全固体電池が試作されている。その全固体電池の研究が今日活況を呈している理由は、このような蓄電池に対する要請の変化とは無関係ではない。

1.2　リチウムイオン電池の課題と全固体電池の特徴

　電解質に有機溶媒を使用するリチウムイオン電池にとって、電解質の可燃性への対応は避けて通ることのできない課題である。電解質に不燃性のセラミックを採用する全固体電池は、この課題に対する根本的な解決法として期待されている。ところが、全固体電池の研究はリチウムイオン電池が誕生する半世紀以上も前から続けられている。

　最も古い電池とされるボルタ電池は 1800 年に発明されたものである。ボルタの電堆と呼ばれるものは、銀貨とスズ箔で食塩水をしみこませた布を挟み、何段にも重ねたものであった。その後改良が加えられ、現在ボルタ電池と呼んでいるものは、亜鉛板（負極）と銅板（正極）を希硫酸（電解質）につけたものである。その後、ダニエル電池、ルクランシェ電池などの一次電池や鉛蓄電池などの二次電池が発明されたが、これらの電池の電解質は塩化アンモニウムの水溶液や希硫酸などの液体である。電解質に液体を使用すると密閉容器が必要となり、電池の小型化や薄型化が困難となる。また、電解質が凍結する低温では電池が動作しな

第 1 章　なぜ全固体電池か

くなるなど動作温度に制限があり、さらには酸やアルカリの電解質は、電池容器や電極を腐食させることもある。全固体電池の研究が開始された動機は、当時の電池が抱えていたこれらの問題であった。もちろん現在ではもはや漏液を起こす電池を目にすることはほとんどないし、寒冷地の寒い朝にもセルモーターを回してエンジンをかけることもできる。このように電池の性能が向上したにもかかわらず、全固体化の研究が現在精力的に行われている理由は、全固体化の目的が大きく変化したからに他ならない。以下に、現在の研究の動機となっている全固体化の目的と全固体電池の特徴を列記する。

高い安全性

　全固体化の目的が大きく変化した背景には、リチウムイオン電池の誕生とその後の急速な普及がある。リチウムイオン電池は高いエネルギー密度を有する蓄電池として、現在ノートパソコンや携帯電話などの携帯電子機器はもとより、ハイブリッド自動車やプラグインハイブリッド自動車、さらには電気自動車の電源としても採用されるようになってきた電池系である。

　電池のエネルギー密度は、放電電気量と放電平均電圧の積であり、多くの電気量を蓄えることができる活物質を使えば使うほど、高い起電力を発生する正負極の組み合わせを採用すればするほど、電池のエネルギー密度は向上する。リチウムイオン電池の平均放電電圧は3.6〜3.7 Vであり、これはニカド電池やニッケル水素蓄電池の電圧の3倍にも及ぶ。リチウムイオン電池の高いエネルギー密度はこの高い起電力によるものであるが、この高い起電力がリチウムイオン電池において解決すべき課題の原因ともなっている。それが電池の安全性である。

　リチウムイオン電池の起電力は水の分解電圧をはるかに超えるものであるため、そこではほかの二次電池系のように水溶液を電解質とするこ

4

1.2　リチウムイオン電池の課題と全固体電池の特徴

とができない。そのため、1973年に生産が開始されたリチウム一次電池から現在のリチウムイオン電池にいたるまで、リチウム系電池の電解質において支持塩をイオン解離させるための溶媒にはエステルやエーテルなどの有機物が使用されている。この有機溶媒が可燃性の物質であるために、リチウムイオン電池は安全性の確保に細心の注意を払わなければならない電池系となっている。

　安全性の確保は現在の民生用途でも重要な課題であるが、今後、車載用途や定置用途などで電池が大型化すると可燃性の電解質量が増大するとともに、放熱が悪化するために電池温度が上昇しやすくなり、安全性の課題はますます深刻なものとなる。このような課題に対する抜本的な解決策は、当然のことながら不燃性の電解質を使用することであり、その候補として期待されているものが、不燃性物質の代表であるセラミックの電解質である。

長寿命

　研究が開始された当初から、全固体電池は長寿命な電池であることが明らかとなっている。通常、電池内部では本来の電池反応以外の反応がいくばくか進行する。本来の電池反応以外の反応を副反応と呼ぶが、副反応はしばしば電池の性能低下を引き起こす。電池性能の低下を引き起こす副反応には様々なものがあり、代表的なものは電解質の分解である。

　リチウムイオン電池はその高い起電力ゆえにエネルギー密度の高い電池系となっているが、その高い起電力は酸化力の高い正極活物質と還元力の高い負極活物質とを組み合わせることで作り出されたものであり、これら電極活物質の間に配される電解質には、このような高い酸化力と還元力の両方に耐えることが求められる。リチウム電池系において水の分解電圧を超える起電力を発生するために採用された有機溶媒電解質ではあるが、4Vにも及ぶリチウムイオン電池の作動電圧範囲で安定であ

5

第 1 章　なぜ全固体電池か

るとは言い難く、正極表面では電解質の酸化分解反応が、負極表面では還元分解反応が進行し、その結果電池の性能は徐々に低下することがある。

　この課題を解決する方法は言うまでもなく、このように高い酸化力・還元力に対しても安定な電解質を開発することである。しかしながらリチウムイオン電池が高い起電力を発生することのできる電池系である理由は、リチウムが金属中で最も高いイオン化エネルギーを持つ元素であるからである。すなわち、金属リチウムは電子を放出してイオンになろうとする性質が極めて強く、金属リチウムと接触した物質は金属リチウムから放出された電子を受け取り、還元されることになる。したがって、熱力学的にこの要請を満たす安定な電解質を開発することはほぼ不可能な命題に思われるが、可能性を秘める方法はこの分解反応の速度を極めて遅いものとすることである。

　図 1.1 は、ある還元体（R）が電気化学的に酸化され、酸化体（O）に変化する様子を模式的に示したものであるが、還元体はまず拡散、対流あるいは泳動により電極表面まで輸送され、そこで電極に電子（e^-）を与え酸化体となる。この電気化学的酸化反応により生成した酸化体は拡散・対流・泳動により電極表面から沖合に輸送される。この図からわかることは、電気化学的な反応が継続するためには、反応種が電極との間

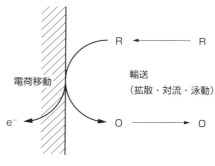

図 1.1　電極反応の素過程

で電子のやり取りを起こすことはもとより、電荷移動の場である電極表面まで輸送されなければならないということであり、電極との間で電子のやり取りを起こす反応種が存在したとしても、それが電極表面に供給されなければ反応は生じない、すなわち酸化分解も還元分解も継続的に生じないということになる。

リチウムイオン電池の作動原理は正負極間におけるリチウムイオンのやり取りであり、電池動作のために電解質中を移動しなければならないものはリチウムイオンのみである。しかしながら、液体電解質中ではリチウムイオン以外の陰イオン、さらには支持塩をイオンに解離するための溶媒の分子も拡散する。これらが拡散し電極表面に達した時に電荷移動を起こすとそれが電気化学的分解反応である。それに対して、固体電解質の特徴の一つは特定のイオンのみが拡散種である、すなわち単一イオン伝導系であるという点である。リチウムイオン電池を全固体化するために使用される固体電解質におけるその拡散種は、当然のことながらリチウムイオンであり、室温におけるそのほかの元素の拡散は極めて遅い。したがって、固体電解質系では液体電解質系において生じる電極表面への反応種の供給は起こらず、電気化学的な分解反応は継続しないということになる。

電解質の分解反応のほかに、電極活物質の溶解などもまた電池の劣化を引き起こす副反応であるが、この点においても固体電解質中では溶出したイオンが拡散していくという現象は起こらない。具体的な実例は本書の中で述べていくことになるが、このように固体電解質が単一イオン伝導体であることにより、全固体電池は液体電解質系に比べて極めて長寿命な電池となる。

高エネルギー密度

電池においてエネルギーを蓄える材料は電極活物質であり、電解質は

第 1 章　なぜ全固体電池か

正負極間の電気のやり取りをイオンにより行うだけである。したがって、電解質を液体から固体に変えたとしても、エネルギー密度は変化しないように思われる。しかしながら、電極活物質により決定されるものは電池の理論エネルギー密度である。電池の実際のエネルギー密度は、電極活物質以外の部材の重量や体積、すなわち集電体や電池容器（電槽）をはじめ、ほかならぬ電解質などが電池内に存在することにより、電極活物質から算出される理論エネルギー密度に比べて低いものとなる。電解質を固体化すると、これら電気を貯蔵しない材料の重量や体積を低減することができるといわれている。

　固体電解質を採用することによりリチウムイオン電池の安全性は格段に高まることはすでに述べたとおりであるが、安全性が高まると現行リチウムイオン電池に備えられている安全装置を簡略化することができる。また、電池が大型化すると放熱が悪くなり、電池温度が上昇しやすくなる。そのために、大型の電池パックでは冷却機構を設ける必要があるが、固体電解質の耐熱性は有機溶媒電解質に比べて高く、この冷却機構の占める体積や重量を低減することも可能であると考えられている。さらに特に大型電池において、エネルギー密度向上に対する全固体化の効果が高いといわれているものにバイポーラ構造[1]の採用が挙げられる。

　車載用の電池パックは数百ボルトの電圧を発生する必要がある。リチウムイオン電池の起電力が高いといっても高々4 V 程度であり、数百ボルトの電圧を発生するためには数十セルを直列に接続することになり、その場合の電槽も同数必要ということになる。それに対して、集電体の両面に正極層と負極層を形成したバイポーラ電極と固体電解質の薄層を交互に積層し、単一の電槽内に収めることができ、電池容器が占める体積や重量を大幅に低減することができるとされている（図 1.2）。

　これらの高エネルギー密度化の可能性は、電解質を固体化することで電極活物質以外の重量や体積を低減するものであり、電池のエネルギー密度を電極活物質から算出される理論エネルギー密度に近づけていくこ

1.2 リチウムイオン電池の課題と全固体電池の特徴

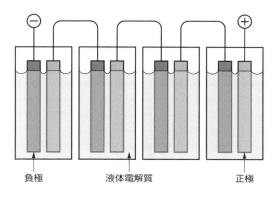

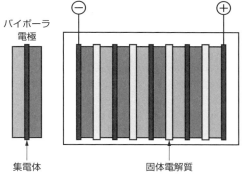

図1.2 固体電解質を使用したバイポーラ構造

出典：Y. Kato, K. Kawamoto, R. Kanno, M. Hirayama, Discharge performance of all-solid-state battery using a lithium superionic conductor $Li_{10}GeP_2S_{12}$, *Electrochemistry*, 80, 749 (2012).[1]

とで、エネルギー密度の向上を図るものである。すなわち、正負極活物質により決まる電池系の理論エネルギー密度は不変であっても、電解質を固体とすることで活物質以外のエネルギー貯蔵の機能を担わない材料を削減でき、エネルギー密度を向上させることが可能となる。その一方で、全固体電池においては高い理論エネルギー密度を有する正負極活物質を採用することで理論エネルギー密度自体を向上させることも可能で

第１章　なぜ全固体電池か

あるといわれている。

　電池が発生するエネルギー（U）は、放電電圧（$V(q)$）を放電電気量（q）で積分した値であり、放電全電気量（Q）と電池の放電平均電圧（$\bar{V}$）の積の形で与えられる。

$$U = \int V(q)\,\mathrm{d}q$$
$$= Q\bar{V}$$

したがって、エネルギー密度を高めるためには、多くの電気量を蓄えることのできる材料を活物質として使用する、あるいは高い起電力を発生する活物質の組み合わせ、すなわち電極電位の高い正極活物質と電極電位の低い負極活物質を採用すればよい。電極電位と電気化学当量から、このような電極活物質を選択することは容易であるが、その電極活物質が電池内で安定に動作するかどうかは別の問題である。例えば、リチウムイオン電池の代表的な正極活物質 $LiCoO_2$ の電極電位は、金属リチウム電極に対して４Ｖに位置する。これに対して５Ｖの電位を示す正極活物質を使用すると電池電圧は１Ｖ上昇し、エネルギー密度を向上させることができる。このような電位を示す物質にはスピネル型構造を有する $LiNi_{0.5}Mn_{1.5}O_4$ などが知られているが、現行の有機溶媒電解質はこのような高い電位領域において安定ではない。したがって、高電位正極を使ったリチウムイオン電池を作製し、充放電を繰り返すと、有機溶媒電解質が高い電位にさらされることにより分解し、電池性能は急速に低下する。

　固体電解質が持つ単一イオン伝導の特質が電池の長寿命につながることはすでに述べたことであるが、同様のことが高電位正極の利用についても成り立つ。詳細についてはのちに述べることになるが、継続的な電気化学的分解反応を受けにくい固体電解質を使用することにより高電位を示す正極活物質を利用し、電池作動電圧の高電圧化、すなわち理論エネルギー密度の高い電池系を構成することが可能となる。

1.2 リチウムイオン電池の課題と全固体電池の特徴

高い出力特性

　電解質を固体化する際の最大の課題は、出力性能の低下である。通常の場合イオンの移動度は固体中より液体中のほうが高く、現在使用されている電池のほとんどが液体の電解質を採用しているのはこのためであり、多くの場合、電解質を液体から固体に変えると電池の出力性能は大きく低下する。その一方で、全固体系の入出力性能は液体系よりも高いものとなりうる潜在能力を秘めているということもまた事実である。

　有機溶媒電解質中ではリチウムイオンとともに陰イオンも移動する。そのため、電池の作動中には濃度分極が生じやすく、大電流での駆動時にはリチウムイオンの濃度低下が電池反応速度の低下を引き起こす。それに対して固体電解質中で移動することができ、濃度変化を起こす可能性があるのはリチウムイオンのみである。ところが、一方の負電荷は骨格格子に固定されており、電気的な中性条件を満たすためにリチウムイオンの濃度変化も起こりにくくなる。

　また、有機溶媒電解質中においてリチウムイオンには溶媒分子が配位した状態を取る。一方のリチウムイオン電池の電極活物質は $LiCoO_2$ や黒鉛などの層状構造を有する化合物であり、電池の充放電はリチウムイオンがこれらの層状構造化合物の層間に挿入・脱離することにより行われる。ところが、リチウムイオンが溶媒和した嵩高い状態では電極活物質の層間に入ることができないため、電極反応が生じるためには脱溶媒和過程を経る必要がある。有機溶媒電解質系ではこの脱溶媒和のエネルギーが高く、電極反応速度を決める支配因子となるのに対し[2]、全固体系にはこのような脱溶媒和過程が存在せず、電荷移動過程における反応障壁は全固体系のほうが低くなる可能性がある。

　図1.3 は、以上で述べた固体電解質の様々な特質が全固体電池にもたらす長所をまとめたものであるが、リチウムイオン電池の全固体化は電

第1章 なぜ全固体電池か

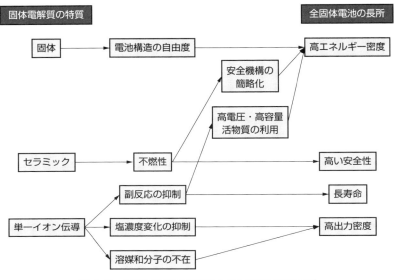

図1.3 固体電解質の特質と全固体電池の長所

池性能の大幅な向上につながることが期待できる。しかしながら、そのような性能は液体電解質なみに高いイオン伝導性を持つ固体電解質が存在することで初めて発揮されるものである。そこで本書では、まず高いイオン伝導性を持つ固体電解質探索の歴史を振り返り、その後に全固体電池の開発状況を見ていくことにする。

文献

1) Y. Kato, K. Kawamoto, R. Kanno, M. Hirayama, Discharge performance of all-solid-state battery using a lithium superionic conductor Li$_{10}$GeP$_2$S$_{12}$, *Electrochemistry*, 80, 749 (2012).
2) T. Abe, H. Fukuda, T. Iriyama, Z. Ogumi, Solvated Li-ion transfer at interface between graphite and electrolyte, *J. Electrochem. Soc.*, 151, A1120 (2004).

第2章

全固体電池開発の歴史

第 2 章　全固体電池開発の歴史

2.1　固体中におけるイオン伝導の発見

　全固体電池は一般的な電池と同じく、正極および負極活物質と、活物質同士を隔離する電解質から構成されている。活物質の組成、構造や電池反応メカニズムによって電気化学容量、電池電圧が決定するため、どういった活物質を選択するかによって電池の特徴（作動電圧、エネルギー密度、出力などの基本性能）がほぼ決定付けられる。活物質は溶解析出、（ディ）インターカレーション、（脱）合金化反応など様々な様式で反応するが、電気化学反応で取り出せる電子の数によって容量（Ah kg^{-1}）が、電極反応電位の差によって電池電圧（V）が決まる。この掛け合わせによって、理論エネルギー密度（Wh kg^{-1}）が求められる。また、反応速度も電極選択によっておおよそが決まってくる。一方で電解質は、活物質間に存在してイオン（アニオンもしくはカチオン）の輸送を担い、外部回路で流れた電子に相当する量の電荷を正・負極間で移動させる。輸送されるイオンは活物質で起こる反応に対応した電荷担体である必要があるが、反応速度の充分小さい状態では電池電圧や容量への影響はほぼない。しかし、イオン輸送をしつつ、電池短絡を防ぐため、所望のイオン以外を流さない電子絶縁性を兼ね備えることが求められる。これらの電池構成材料の全てが固体材料（セラミックや金属）である、ということが本書で取り扱う全固体電池の最大の特徴である。

　有名な蓄電池である鉛蓄電池、ニッケル水素電池などほとんどの電池系では、ある種の支持塩を適当量溶解させた水溶液が電解質として用いられている。また、広く普及しているリチウムイオン電池ではリチウム塩を溶解させた有機溶媒が電解質として用いられている。一方で、活物質については気体の活物質を使う空気電池や燃料電池、溶融状態の活物質を使うナトリウム硫黄電池を除けば、ほとんどの電池は固体材料もしくは金属が採用されている。すなわち、この溶液系の電解質を固体電解

14

2.1 固体中におけるイオン伝導の発見

質（純粋なイオン導電体）に置き換えたものが全固体電池である。溶解析出を利用せずトポタクティックな（ディ）インターカレーション反応が反応原理であるリチウムイオン電池を考えると（図2.1）、正・負極活物質はイオン・電子混合導電性の固体材料であり、電解質には純粋なイ

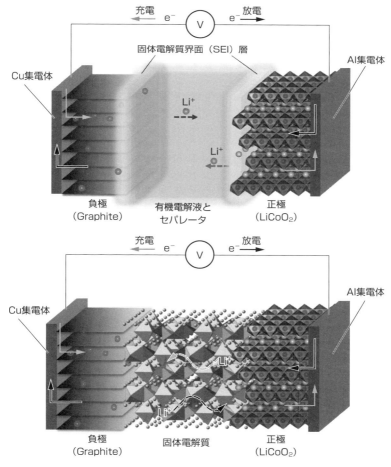

図2.1 リチウムイオン電池（上段）と全固体リチウム電池（下段）の構成と充放電反応の模式図

第２章　全固体電池開発の歴史

オン導電体が必要となる。電池は必要な電圧と電流を外部に取り出し、さらにはなるべく短時間で充電を完了させる必要があるため、各部材は安定かつ高速でイオン、および、活物質であれば電子も輸送できるといった性能が求められる。電極活物質の電子伝導性が十分でない場合は、添加剤として導電助剤のカーボン系材料を混ぜ込むことや、微粒子化することもあり、実際の電池内部はより複雑な構造である。実用上では活物質の反応可逆性の問題、化学安定性の問題、電解質の電位窓の問題、界面反応や形成性など課題が多数潜在しており、全固体電池の開発の歴史はまさにこういったイオン導電性材料の開発の歴史ということができる。そのため、本章ではイオン導電体やそれに関わる学問である、固体イオニクスの起源から現在にいたるまでの流れを簡単にまとめる。より詳細な歴史については近年総説論文が出版されたため参考頂きたい[1,2]。他にも、イオン導電体の詳細な内容については、高橋先生、工藤先生、笛木先生らの文献を参考にして欲しい[3,4]。

　近年の全固体電池開発の盛り上がりを考えると、全く新しいテクノロジーが突然生まれたように錯覚するが、イオン導電体（混合導電体や固体電解質）に関する研究は、これまでに120年以上の長期にわたって行われており、その起源は1880年代までさかのぼる。この頃Warburgらによってファラデーの法則が固体材料中においても成立することが確認された。その後、現在でも広く研究に用いられている安定化ジルコニアに代表される酸化物イオン導電体のZrO_2が、Nernstによって抵抗加熱方式の発光体（ネルンストランプ）として報告されたのがそのはじまりと考えられる。ZrO_2は歪んだ蛍石型の結晶構造を有し、室温で単斜晶をとるが、価数の異なるカチオン（Ca^{2+}、Y^{3+}など）を添加することで電気的中性を保つために酸素空孔が生じて立方晶の固溶体となる（図2.2）。これら一連の材料は安定化ジルコニアと呼ばれる。これによって、格子欠陥を通じたイオン伝導が生じ、高い酸化物イオン導電性を示すようになる。しかし、高いイオン導電性を示す温度域が高温であることか

16

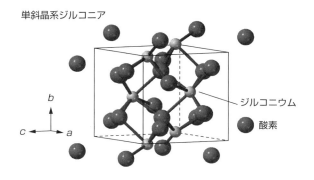

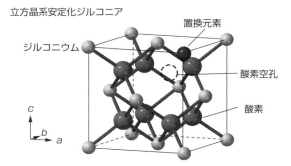

図 2.2 室温安定相の単斜晶ジルコニアと、元素置換によって生成する立方晶安定化ジルコニアの結晶構造

ら、当時は応用（デバイス化）研究への急速な展開は進まなかった。一方で、電気化学の歴史のはじまりは1780年代のGalvaniによる動物電気の発見であり、1799年にはボルタ電池が誕生している。現在では切り離すことのできない2つの学問であるが、イオン導電材料に関する研究は電気化学のおよそ100年後に誕生したことになる。

酸化物イオン導電体に関する発見の後、銀イオン導電体であるAgIが1920年代に発見された。AgIは低温相のβ-AgIと147℃で形成するα-AgIが存在し、高温相への相転移に伴いイオン導電率は大きく増大する（図2.3）[5),6)]。β-AgIは空間群$P6_3mc$に帰属され、hcpパッキングをした

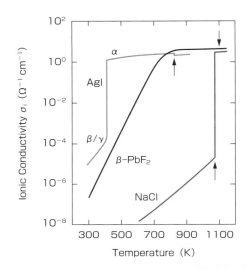

図 2.3　AgI および β-PbF$_2$、NaCl のイオン導電率の温度変化

出典：S. Hull, Superionics: crystal structures and conduction processes. *Rep. Prog. Phys.*, 67, 1233（2004）[6], with permission from IOP publishing.

アニオン副格子中に二種類の銀イオンサイトが存在し、その占有率はどちらも1である（**図 2.4**）。また、最近接の銀イオン同士も大きく離れている。一方で、α-AgI は空間群 $Im\bar{3}m$ に帰属され、bcc パッキングをしたアニオン副格子中に 42 個の位置に平均的に銀イオンが分布するものが初期の構造モデルとして提案されている。その後、四面体位置を中心にして非対称な非調和振動をすることが見出されている。

この α-AgI は固体でありながら溶融相に匹敵するイオン導電率（>1 S cm^{-1}）を示すため、最初の超イオン導電体であると言える。イオン導電率は昇温によって向上し、相転移により数桁ジャンプする。この相転移後の超イオン導電相を室温で実現することが、まさにイオン導電性材料開発の指針そのものであり、そのための実験手法や構造・イオン拡散に関する理論の構築とデバイス化へ向けた研究が、1970年頃に名古屋大学の高橋武彦先生が固体イオニクスと名付けた学術分野である。実

2.1　固体中におけるイオン伝導の発見

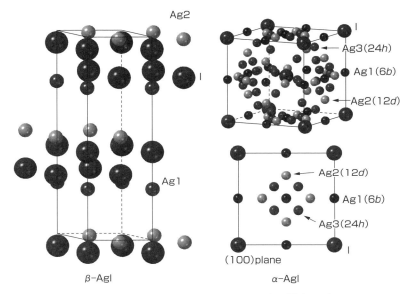

図 2.4　β-AgI 相および α-AgI 相の結晶構造モデル

際には、1960 年代に RbAg$_4$I$_5$、1970 年代に Rb$_4$Cu$_{16}$I$_7$Cl$_{13}$ といった物質が発見され、室温で超イオン導電性を示す物質は早期に実現されている。

　α-AgI は比較的低い温度で極めて高いイオン導電性を示すことや、その相転移挙動が大変興味深いこともあり、多くの研究の対象となり、銀のハロゲン化物に加えて、カルコゲナイド、さらには銅のハロゲン化物、カルコゲナイドへと展開された。こういった研究の中で、フレンケル欠陥、ショットキー欠陥といった固体イオニクスや固体化学の重要な概念が提唱されるようになり、熱力学的な観点からもイオン導電に関する理論が整理、構築されていった。

　もちろん酸化物イオン、銀イオンや銅イオン以外にも様々なイオン導電体が開発されている。例えば β-PbF$_2$ に代表されるようなフッ化物イオン導電体、1970 年代に報告された β-アルミナや NASICON に代表されるようなナトリウムイオン導電体、リチウムやプロトン導電体も様々

19

第2章　全固体電池開発の歴史

な物質群が開発されるようになってきた。PbF_2 は熱容量とイオン導電率変化に明確な相関があり、約 100 ℃ にもわたる温度域で連続的な変化を示す。これは現在ではファラデー相転移と呼ばれており、熱力学とイオン導電特性の関係性が深く調べられた典型例となっている。

　現在にいたるまで室温近傍で実用的なイオン伝導度（>0.1 mS cm^{-1}）を示すキャリアは Ag^+、Cu^+、Li^+、Na^+ などの一価のカチオンや F^- に限られている。そのような中、2016 年に報告されたヒドリドイオン（H^-）導電体は新しい導電種として注目を集めている[7]。イオン導電材料に関して理論や測定手法の高度化だけでなく、材料探索としてもまだまだ研究開発の余地は広く残されていることが示されたことは大変意義深い。キャリア種により利用できる電気化学反応は異なり、ヒドリドイオンの場合 H_2/H^-（-2.25 V vs. SHE）の反応が利用可能になる。この電位は Mg/Mg^{2+} のレドックス電位に近く、高電位型の電気化学デバイスへの応用が期待できる。

2.2　全固体電池の誕生

　化学エネルギーを電気化学エネルギーに変換するデバイスが電池であり、電気エネルギーを外部から電圧や電流を加えることで、再び化学エネルギーとして蓄えることもできる（繰り返し利用できる）デバイスを二次電池と呼ぶ。その中でも特に、構成材料の全てが固体から構成されるものが全固体電池である。その誕生には、上述したような固体電解質の開発とその高性能化が必須であった。酸化物イオン導電体を用いた電池の代表は燃料電池であり、活物質が気体であるため全固体型の電池には類さない。またナトリウム硫黄電池は定置用の大型電源として実用化までいたっているが、作動温度は 300 ℃ 以上であり、活物質が溶融した状態であるため、同様にここではあえて固体電池としては整理しない。

2.2 全固体電池の誕生

全固体電池は本書で注目しているリチウム系に加えて、これまでに銀、銅のイオン導電体を使った電池系が報告されている[2),8),9)]。さらに近年では、全固体ナトリウム電池や、フッ素シャトル電池、ヒドリド電池の研究開発も盛んである[7),10)-12)]。これまでに報告のある代表的な全固体電池の固体電解質と、そのイオン導電特性、電池電圧、電極活物質は**表2.1**のように整理することができる[8)-10),12)-14)]。全固体電池の種類としては、可動イオン（固体電解質の組成）を中心に考えると、その特徴をおおよそ掴むことができる。

現在まで最もイオン導電率が高い電解質は銀、銅系であり（>200 mS cm^{-1}）、優れた出力性能が期待できる。実際に、バルク型の全固体銅電池は150～750 μA cm^{-2}の大電流密度条件においても室温で作動することが報告されている[9)]。しかし、キャリアイオンが重いため（Ag：107.9 g mol^{-1}、Cu：63.55 g mol^{-1}）固体電解質の密度が高く（>4 g cm^{-3}）なってしまう。さらに、電池起電力が低い（<1.0 V）ことから、電池としてのエネルギー密度が小さくなり、広く普及するまでにはいたっていない。特に重要な用途の1つである自動車電源として考えると、起電力が既存のニッケル水素電池より低く、エネルギー密度も小さいということが大きな課題である。しかし、出力やエネルギー密度とは異なるが銀イオン電池では20年間の保存後にも90％の容量が維持されることが報告されており、経時劣化の小ささは固体電池の本質的な特性の1つであることが証明されている[8),15)]。一方で、ナトリウム、フッ素、ヒドリド系においては室温のイオン導電率が比較的低いため、実用的な出力を稼ぐためには、作動温度を高く設定する必要がある。しかし、キャリアイオンが銀や銅に比べてはるかに軽量であるフッ素系、ヒドリド系においては、電解質がアルカリ土類金属やランタノイドによって構成されるため、現状では電解質密度が高い（>5.5 g cm^{-3}）が、キャリアイオンが本質的に重いわけではないため、導電体探索の継続によって課題を克服することが期待できる。そのため、今後の固体電解質イオン導電率の増

21

第2章　全固体電池開発の歴史

大による本質的な電池性能の向上、もしくは用途を自動車に限らなければ充分に応用可能性がある。特に、Na イオン導電体に関しては密度も小さく（〜2 g cm^{-3}）超イオン導電特性を示す新物質の発見があいついでおり[12), 16)−18)]、電極活物質や電極電解質界面の問題が解決されれば室温で高出力を示す全固体電池の誕生が期待できる。

　リチウム系では、イオン導電率が 12 mS cm^{-1} と比較的高く、可動イオンが軽い（Li：6.941 g mol^{-1}）、密度が低い（〜2 g cm^{-3}）、電池電圧が高い（＞3.0 V）といった電池として有利な特徴を有している。さらに既存の液系リチウム電池で研究開発されてきた多様な活物質や、電池作製技術の利用可能な部分が多いため、次世代エネルギーデバイスとして全固体化の本命と考えられている。最近では、正極複合体の厚みが600 μmの場合でも電池作動することが実証され、この場合の面積あたりの容量は 15.7 mAh cm^{-2} に達する[19)]。一般的な液系電池の電極厚さが50〜100 μm、容量は＜3.5 mAh cm^{-2} であるため[20)]、バルク型の全固体電池は高エネルギー密度が達成可能な電池形態であると考えられる。一方で、錠剤成型器をつかってペレット化するため、固体電解質層が比較的厚く

表2.1　代表的な全固体電池の固体電解質の組成、イオン導電率、密度およびそれらを用いた全固体電池の起電力と電極材料

| 可動イオン | 固体電解質 | | | セル電圧 (V) | 電極材料 |
	組成	イオン導電率 (mS cm^{-1}@r.t.)	密度 (g cm^{-3})		
Li$^+$	Li$_{10}$GeP$_2$S$_{12}$	〜12	〜2.1	〜3.3	LiCoO$_2$ と Li-In
Cu$^+$	Rb$_4$Cu$_{16}$I$_7$Cl$_{13}$	〜350	〜4.1	〜0.6	Cu$_{0.2}$Mo$_6$S$_{7.8}$ と Cu$_{3.8}$Mo$_6$S$_{7.8}$
Ag$^+$	RbAg$_4$I$_5$	〜200	〜5.4	〜0.7	(CH$_3$)$_4$NI$_5$ と Ag
Na$^+$	c-Na$_3$PS$_4$	〜0.2	〜2.2	〜1.5	TiS$_2$ と Na
F$^-$	La$_{0.9}$Ba$_{0.1}$F$_{2.9}$	〜0.2 (@50℃)	〜5.8	〜2.5 (150℃)	CuF$_2$ と Ce
H$^-$	o-La$_2$LiHO$_3$	〜5.0x10^{-3} (@300℃)	〜6.4	〜0.1 (300℃)	TiH$_2$ と Ti

なる（200 μm 程度）ことが課題である。液系電池のセパレータ厚さは25 μm 程度であるため、ペレット電池から高面積化（シート化）し、電池全体のエネルギー密度向上には、セパレータ固体電解質層の薄膜化が必要である。もちろん、シート化、大型化に向けた研究は国内外問わずに産学官連携して進められており、現状の最有力候補であることは間違いない。

文献

1) K. Funke, Solid state ionics: from Michael Faraday to green energy— the European dimension, *Sci. Technol. Adv. Mater.*, 14, 043502 (2016).

2) O. Yamamoto, Solid state ionics: a Japan perspective, *Sci. Technol. Adv. Mater.*, 18, 504 (2017).

3) 工藤徹一，笛木和雄，固体アイオニクス，講談社サイエンティフィク，(1986).

4) 高橋武彦，固体イオニクス，応用物理，49, 956 (1980).

5) C. Tubandt, Über Elektrizitätsleitung in festen kristallisierten Verbindungen. Zweite Mitteilung. Überführung und Wanderung der Ionen in einheitlichen festen Elektrolyten. *Z. Anorg. Allg. Chem.*, 115, 105 (1921).

6) S. Hull, Superionics: crystal structures and conduction processes, *Rep. Prog. Phys.*, 67, 1233 (2004).

7) G. Kobayashi, Y. Hinuma, S. Matsuoka, A. Watanabe, M. Iqbal, M. Hirayama, M. Yonemura, T. Kamiyama, I. Tanaka, R. Kanno, Pure H− conduction in oxyhydrides, *Science*, 351, 1314 (2016).

8) B. B. Owens, B. K. Patel, P. M. Skarstad, D. L. Warburton, Performance of $Ag/RbAg_4I_5/I_2$ solid electrolyte batteries after ten years storage, *Solid State Ionics*, 9–10, 1241 (1983).

9) R. Kanno, Y. Takeda, M. Ohya, O. Yamamoto, Rechargeable all solid-state cell with high copper ion conductor and copper chevrel phase,

Mater. Res. Bull., 22, 1283（1987）.

10）C. Rongeat, M. A. Reddy, R. Witter, M. Fichtner, Solid electrolytes for fluoride ion batteries: ionic conductivity in polycrystalline tysonite-type fluorides, *ACS Appl. Mater. Interfaces,* 6, 2103（2014）.

11）M. A. Reddy, M. Fichtner, Batteries based on fluoride shuttle, *J. Mater. Chem.,* 21, 17059（2011）.

12）A. Hayashi, K. Noi, A. Sakuda, M. Tatsumisago, Superionic glass-ceramic electrolytes for room-temperature rechargeable sodium batteries, *Nat. Commun.,* 3, 856（2012）.

13）N. Kamaya, K. Homma, Y. Yamakawa, M. Hirayama, R. Kanno, M. Yonemura, T. Kamiyama, Y. Kato, S. Hama, K. Kawamoto, A. Mitsui, A lithium superionic conductor, *Nat. Mater.,* 10, 682（2011）.

14）B. B. Owens, G. R. Argue, High-conductivity solid electrolytes: MAg_4I_5, *Science,* 157, 308（1967）.

15）B. B. Owens, J. R. Bottelberghe, Twenty year storage test of Ag/$RbAg_4I_5/I_2$ solid state batteries, *Solid State Ionics,* 62, 243（1993）.

16）W. S. Tang, M. Matsuo, H. Wu, V. Stavila, W. Zhou, A. A. Talin, A. V. Soloninin, R. V. Skoryunov, O. A. Babanova, A. V. Skripov, A. Unemoto, S.-I. Orimo, T. J. Udovic, Liquid-like ionic conduction in solid lithium and sodium monocarba-closo-decaborates near or at room temperature, *Advanced Energy Materials,* 6,（2016）.

17）Z. Zhang, E. Ramos, F. Lalère, A. Assoud, K. Kaup, P. Hartman, L. F. Nazar, $Na_{11}Sn_2PS_{12}$: a new solid state sodium superionic conductor, *Energ. Environ. Sci.,* 11, 87（2018）.

18）S. Takeuchi, K. Suzuki, M. Hirayama, R. Kanno, Sodium superionic conduction in tetragonal Na_3PS_4, *J. Solid State Chem.,* 265, 353（2018）.

19）Y. Kato, S. Shiotani, K. Morita, K. Suzuki, M. Hirayama, R. Kanno, All-solid-state batteries with thick electrode configurations, *J. Phys. Chem. Lett.,* 9, 607（2018）.

20）H. Zheng, J. Li, X. Song, G. Liu, V. S. Battaglia, A comprehensive understanding of electrode thickness effects on the electrochemical performances of Li-ion battery cathodes, *Electrochim. Acta,* 71, 258 (2012).

第３章

固体電解質の種類

第3章　固体電解質の種類

3.1　銅イオン、銀イオン伝導性固体電解質

3.1.1　銀イオン超イオン導電体

　AgIは室温においては、10^{-3} mS cm^{-1}程度のイオン導電率を示し、147℃での高温相への転移をともない、超イオン導電特性を示すα-AgI（>1000 mS cm^{-1}）となる。α型相の室温安定化のために、異なるカチオンやアニオンを構造内に導入する試みがなされてきた。その代表的な例が、1960年代に報告された、AgIとAg$_2$Sを加熱反応させることで得られるAg$_3$SIである。この材料は室温で10 mS cm^{-1}を示し、電子絶縁性であるために固体電解質として機能する[1]。実際に、AgおよびI$_2$-グラファイトを電極に用いた全固体電池は、大きな分極を示すことなく室温付近で1〜2 mA cm^{-2}の大電流密度で放電することが可能である。さらに、低温（-17℃）においても分極が極端に増大することがないことが確認されている。

　このアニオン置換系材料の発見により、様々なアニオン種を構造内に導入する試みがなされ、最終的には多くの酸素酸イオン（PO$_3$$^{3-}$、PO$_4$$^{3-}$、SO$_4$$^{2-}$など）の導入によってイオン導電率が向上することが明らかになった。多くの酸素酸イオン置換系材料は溶融急冷によって非晶質相が得られたが、一部結晶相を形成する組成も存在した。その中でもAg$_{19}$I$_{15}$P$_2$O$_7$はイオン導電率が高く、90 mS cm^{-1}の値を示した。

　一方で、陽イオン置換系の材料探索も展開された。具体的にはAg$^+$の一部を、Rb$^+$、K$^+$、NH$_4$$^+$で置換した物質群である。特にアンモニウム塩系では、NH$_4$$^+$を[(CH$_3$)$_4$N]$^+$などの有機アンモニウムとすることで、多様なカチオン置換物質が見出された。特にイオン導電率が高かった材料はRb$^+$置換体のRbAg$_4$I$_5$であり、その値は200 mS cm^{-1}以上であった。同様に、アニオン、カチオン両方を置換した系についても開発が行われ

28

た。組成制御とは異なる方法であるが、AgI を Ag_3BO_3 と混合し、ガラスマトリクスとすることで α–AgI 相を室温で安定化させた報告もある[2]。この材料は近年においても研究対象とされており、2009 年には 10 nm 程度の AgI 微粒子が室温領域においても $10\,\mathrm{mS\,cm^{-1}}$ 以上のイオン導電率を示すことが報告された[3]。

3.1.2 銅イオン超イオン導電体

銅イオン導電体も銀イオン導電体と同様の手法によって物質探索が行われてきた。一価の銅イオンのイオン半径は銀イオンと比べて小さいため（六配位八面体位置において $Ag^+ = 1.15$ Å、$Cu = 0.77$ Å）、出発点となるハロゲン化物は CuCl となる。カチオン置換系としては例えば、Rb^+、K^+、Tl^+、Pb^{2+} などで部分置換した材料が知られている。一例として、$RbCu_3Cl_4$ は $2.3\,\mathrm{mS\,cm^{-1}}$ 程度のイオン導電率を室温で示すが、多くが $10\,\mathrm{mS\,cm^{-1}}$ 以上を示す銀イオン導電体と比べると一桁低い。一方で、有機アンモニウム置換系においては比較的高いイオン導電率が確認され、その発展でピリジニウム塩へと展開され、さらに複雑な有機塩置換系の材料が探索された。その結果見出された $CuBr$–$C_4H_8N_2Br_2$ は、65 $\mathrm{mS\,cm^{-1}}$ のイオン導電率を室温で示した。銅イオン導電体の最高のイオン導電率は、アニオン、カチオン両方を置換した、$Rb_4Cu_{16}I_7Cl_{13}$ という複雑な組成において見出された[4]。この材料の室温のイオン導電率は $300\,\mathrm{mS\,cm^{-1}}$ 以上あり、全ての固体イオニクス材料の中で最高の値となっており、この値は硫酸水溶液と同等である。一見複雑な組成にみえるが、アニオンを X として考え、1/4 等量の組成とすると $RbCu_4X_5$ となり、銀イオン導電体 $RbAg_4I_5$ と類似していることがわかる。実際に、この 2 つの材料は結晶構造、イオン導電率、融点などにおいて極めて類似した性質を示す。上述したように、銅イオンのイオン半径が銀イオンと比べて小さいため、$RbCu_4I_5$ の組成ではアニオンとカチオンのイオン半径の

第3章　固体電解質の種類

バランスがとれず、$Rb_4Cu_{16}I_7Cl_{13}$ において複合ハロゲン化物として安定化していると考えられる。

3.2　アルカリイオン伝導性固体電解質とその応用

3.2.1　アルカリイオン導電体

　アルカリ金属は周期表の1族の中で水素を除いた元素である。このアルカリ金属が電子を1つ失い、イオン化したものがアルカリイオンである。一価のカチオンであるため、Ag^+ や Cu^+ と同様にアニオンとの静電相互作用が小さく、高価数のカチオンと比べると比較的イオン拡散が起こりやすい。その中でもこれまでに主に研究されてきているのは、Li、Na、K系のイオン導電体である。ここでは、主にNa系のイオン導電体についてまとめる。

　ナトリウムイオン導電体で広く研究が行われてきたのは、ナトリウム硫黄電池にも用いられている $\beta\text{-}Al_2O_3$（β-アルミナ）である。この材料は $Na_2O \cdot 11Al_2O_3$ の組成を有する化合物であり、六方晶系の単位格子を持ち、スピネル型構造の $Al_{11}O_{16}$ のブロックが c 軸方向に積み重なり、その層間にNaO層が存在する（**図3.1**）。Na^+ はこの層間において高速イオン拡散を示すため、イオン導電率には異方性があり、単結晶において ab 面のイオン導電率が高い（$>10\,\text{mS cm}^{-1}$）。また、$\beta\text{-}Al_2O_3$ には類縁化合物の $\beta''\text{-}Al_2O_3$ が存在し、その組成は $Na_2O \cdot 5Al_2O_3$ である。さらに、$\beta\text{-}Al_2O_3$ 中の Na^+ は Li^+ や K^+ など多種多様なカチオンによって置換されうるため、多くのイオン導電体の母構造となっている。また、層間をイオンが高速拡散するという事実は、以後のイオン導電体開発において重要な設計指針となっている。

3.2 アルカリイオン伝導性固体電解質とその応用

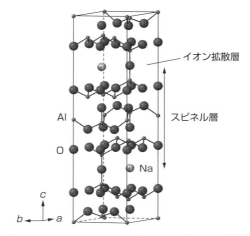

図 3.1　Na$_2$O・11Al$_2$O$_3$（β-Al$_2$O$_3$）の結晶構造

NASICON（Na Super Ionic Conductor）も代表的なナトリウムイオン導電体である。この材料は酸素酸イオンからなる骨格構造の検討から設計・合成されており、一般式としてはNa$_{1+x}$Zr$_2$P$_{3-x}$Si$_x$O$_{12}$（$0 \leq x \leq 3$）と記述される[5]。中性子結晶構造解析により報告された143℃におけるNASICONの構造を図3.2に示す[6]。この構造の骨格は(P/Si)O$_4$四面体がZrO$_6$八面体と頂点を共有して、三次元の網目状構造を形成する。この材料はxが2に近い固溶体で単斜晶系をとり、最もイオン導電率が高くなる（$>2 \times 10^{-1}$ S cm^{-1}, 300℃）[7]。骨格構造の中で、ナトリウムイオンは三種類の占有位置に存在している。骨格構造を取り除き、ナトリウムイオン位置のみに着目すると、Na1は2つのNa2と4つのNa3に囲まれていることがわかる。この連続的なナトリウム占有位置の存在がNASICON材料におけるイオン拡散経路になっている。近年ではこれら酸化物系の材料に加えて、Na$_3$PS$_4$を中心とした硫化物系[8]-[12]や、クロソ系水素化物[13],[14]の材料探索も進んでいる。それらの中で特に室温でのイオン導電率が高いのは正方晶Na$_3$PS$_4$や正方晶Na$_3$SbS$_4$：$>3 \times 10^{-3}$ S cm^{-1}、とNa$_2$(CB$_9$H$_{10}$)(CB$_{11}$H$_{12}$)：$>3 \times 10^{-2}$ S cm^{-1}であることが

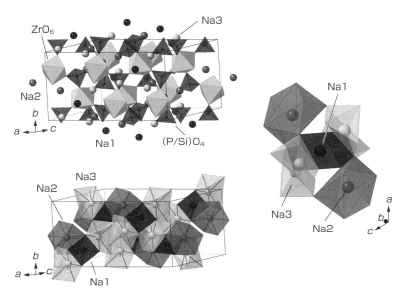

図 3.2　NASICON 型 Na$_3$Zr$_2$P$_1$Si$_2$O$_{12}$ の結晶構造

報告されている。

3.2.2　全固体型電池

　現在では全固体型のリチウム電池、特に硫化物系の固体電解質材料を用いたシステムが期待されているが、1970 年代に実用化されたのは、ハロゲン化リチウム電解質を使った心臓ペースメーカ用の電池であった。当時ペースメーカ用の電池としては、水銀電池が用いられていたが、体内の温度が 37 ℃程度と比較的高いため自己放電が深刻で長寿命化が求められていた。そこで登場したのが Li/I$_2$ 系の全固体電池である。この電池は負極が Li、正極がポリ-2-ビニルピリジンとヨウ素の混合物（錯体）である。リチウム導電性の LiI はこの正極と負極の接触によって自動的に界面に生じることで、固体電解質として機能する。LiI のイオン

導電率は室温で 10^{-7} S cm^{-1} と低く電池抵抗としては大きいが、ペースメーカ用途に限れば十分な電流密度（10 µA オーダー）を示したため、広く採用されるようになっていった。このように、固体電池の高い信頼性、安定性は古くから知られ、一部は実用化にまでいたったが、多岐にわたる用途に耐えられるだけの出力は、イオン導電率が不十分であったために得られなかった。

　一方で薄膜型の全固体リチウム電池についても検討は進められてきた。ここで用いられる固体電解質は主にリン酸リチウムやケイ酸リチウム系であり、非晶質薄膜化（＜10 µm）することでその低いイオン導電率の問題を解決している。正極には $LiCoO_2$、V_2O_5、$LiMn_2O_4$、TiS_2 などが使われ、負極には主に金属リチウムが用いられている。この電池形態の場合、出力密度を高くすることが可能になり、数 mA cm^{-2} の大電流を流すことができる[15]。さらには、5000 サイクルにわたって 95 ％以上の初期容量を維持する性能が期待されている。しかし、電極活物質も µm オーダーであるため、実容量は小さく用途が限られることが課題である。このように、全固体リチウム電池の実用化、高性能化は様々な工夫によって試みられてきているが、固体電解質のイオン導電率が本質的に低いことが開発のボトルネックとなっていた。

　この固体電解質の問題を解決したのが $Li_{10}GeP_2S_{12}$ 材料（1.2×10^{-2} S cm^{-1}）の発見である[16]。ここでは、バルク型の全固体リチウム電池において、$Li_{10}GeP_2S_{12}$ 系の固体電解質を組み合わせ、(i) 標準型、(ii) 大電流型、(iii) 高電圧型の三種類の電池を作成した例を示す。$Li_{10}GeP_2S_{12}$ 系材料はチオリシコン群（Li–M–S：M＝Si, Ge, Sn, P）の中間組成を中心に、様々な組成において陽イオン置換材料の探索が行われ、多様な物質群（Li–M–M′–S）が存在することが明らかになった[17), 18]。さらには、陰イオンを置き換えた材料系も合成可能であり[34]、極めて幅広い固溶域を有することがわかってきた。$Li_{10}GeP_2S_{12}$ 系および $Li_7P_3S_{11}$ ガラスセラミックの固体電解質の一覧を**表3.1** に示す。イオン導電率は 25 ℃と 100

第3章　固体電解質の種類

表 3.1　LGPS型の固体電解質と$Li_7P_3S_{11}$ガラスセラミックのイオン導電率、活性化エネルギー、負極 Li を用いた電池の初回充放電効率[18)-20)]

組成	イオン導電率 σ（S cm^{-1}）		活性化エネルギー（kJ mol^{-1}）	Li 負極を用いた電池の初回充放電効率（%）
	@ 25℃	@ 100℃		
$Li_{10}GeP_2S_{12}$（LGPS）	1.2×10^{-2}	6.94×10^{-2}	26	61
$Li_{10}GeP_2S_{11.7}O_{0.3}$	1.15×10^{-2}	3.07×10^{-2}	14.5	42
$Li_{9.54}Si_{1.74}P_{1.44}S_{11.7}Cl_{0.3}$	2.53×10^{-2}	—	23	39
$Li_7P_3S_{11}$・g.c.	1.70×10^{-2}	—	17	—
$Li_{4-x}[Sn_ySi_{1-y}]_{1-x}P_xS_4$（Sn/Si=2/8；y=0.2、x=0.55）	1.1×10^{-2}	—	19	—
$Li_{9.42}Si_{1.02}P_{2.1}S_{9.96}O_{2.04}$	1.10×10^{-4}	8.62×10^{-4}	23	87
$Li_{9.6}P_3S_{12}$	1.20×10^{-3}	5.90×10^{-3}	25	90
$Li_{9.81}Sn_{0.81}P_{2.19}S_{12}$	5.50×10^{-3}	2.43×10^{-2}	24.5	51
$Li_{10.35}Si_{1.35}P_{1.65}S_{12}$	6.70×10^{-3}	2.80×10^{-2}	26	81
$Li_9P_3S_9O_3$	4.27×10^{-5}	5.27×10^{-4}	30	—
$Li_{10.35}Ge_{1.35}P_{1.65}S_{12}$	1.44×10^{-2}	7.20×10^{-2}	27	—
$Li_{10}(Ge_{0.5}Si_{0.5})P_2S_{12}$	4.20×10^{-3}	—	26	—
$Li_{10}(Ge_{0.5}Sn_{0.5})P_2S_{12}$	6.17×10^{-3}	—	24	—
$Li_{10}(Si_{0.5}Sn_{0.5})P_2S_{12}$	4.28×10^{-3}	—	28	—

℃の値を示しており、Li 負極を用いた電池の初回充放電効率からは低電位領域における材料の安定性を示唆している。$Li_{10}GeP_2S_{12}$ は 12 mS cm^{-1}の高いイオン導電率を示す標準材料、$Li_{9.54}Si_{1.74}P_{1.44}S_{11.7}Cl_{0.3}$ は $Li_{10}GeP_2S_{12}$ 系材料において最も高いイオン導電率（25 mS cm^{-1}）を示す材料である。しかしこれらの材料は低電位領域（〜0 V vs. Li/Li$^+$）において電気化学的に不安定である。一方、$Li_{9.6}P_3S_{12}$ は 1.2 mS cm^{-1}と比較的低いイオン導電率を示すが、耐還元性に優れるため低電位領域において優れた特性を示す。

　各電池の構成は図 3.3 にまとめたとおりである。（iii）高電圧型の電池では、セパレータ電解質層を二層に分け、低電圧負極（グラファイト）の作動を実現している。全固体電池の充放電曲線を図 3.4 に示す。作製

3.2 アルカリイオン伝導性固体電解質とその応用

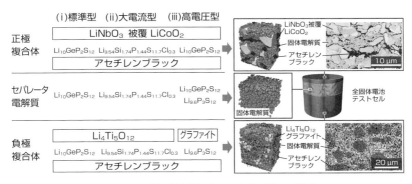

図 3.3　全固体電池（テストセル）の構成

出典：Y. Kato, S. Hori, T. Saito, K. Suzuki, M. Hirayama, A. Mitsui, M. Yonemura, H. Iba, R. Kanno, High-power all-solid-state batteries using sulfide superionic conductors, Nat. Energy, 1, 16030 (2016).[18]

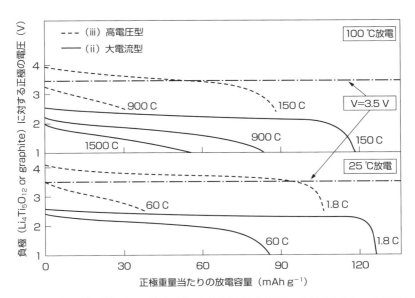

図 3.4　全固体電池（テストセル）の放電試験の結果。0.045 C レートで充電を行った後に各レートで放電試験を実施

出典：Y. Kato, S. Hori, T. Saito, K. Suzuki, M. Hirayama, A. Mitsui, M. Yonemura, H. Iba, R. Kanno, High-power all-solid-state batteries using sulfide superionic conductors, Nat. Energy, 1, 16030 (2016).[18]

第3章　固体電解質の種類

した電池は、(iii) 高電圧型では負極にグラファイト電極を用いている
ため、25℃、1.8 C の条件で 3.5 V 以上の高い放電電圧を示した。一方で、
(ii) 大電流型では放電電圧は 3 V 以下となるが、放電容量が大きく増大
し 120 mAh g^{-1} となった。この傾向は放電速度（C レート：充電もしく
は放電を行う時に 1/C 時間で理論容量に達する電流密度の設定）を大き
くした時に明確に観測され、大電流型の電池は 100℃において 1500 C
（2.4 秒で放電完了）という高レートで放電させることができ、約
55 mAh g^{-1} の容量を示す。このように組成制御により Li$_{10}$GeP$_2$S$_{12}$ 系固
体電解質のイオン導電率、物性を変えることで、狙い通りの電池性能を
発現させることが可能であると実証されてきている。

　これらの実験データをまとめ、多種の電気化学デバイスの出力密度を
エネルギー密度に対してプロットしたグラフ（ラゴンプロット）を図
3.5 に示す。一般に、これら 2 つの指標はトレードオフの関係にあるた
め、リチウム空気電池やリチウム硫黄電池はエネルギー密度が大きいが、
出力密度に優れない。一方、スーパーキャパシタはエネルギー密度が小
さい分、出力密度が大きい。液系のリチウム電池はどちらの性能も中間
程度であり、非常にバランスの良い電池システムであることがわかる。
このため、携帯電話などの小型機器から電気自動車まで幅広い用途があ
る。一方で、全固体電池の電極活物質は液系のリチウム電池と同じであ
るため、エネルギー密度は同程度となる。しかし、100℃作動での出力
密度をみると、スーパーキャパシタと同水準の高出力性能を示すことが
わかる。固体電解質を使った全固体電池が実際に高出力特性を示すとは
これまで考えられてこなかったが、電極/電解質界面の問題の解決[21]、
可塑性に優れる硫化物電解質の性質、さらには超イオン導電特性の発
現[18]により、その特徴は超高出力性能であるということが明らかになっ
てきた。

3.3 リチウムイオン伝導性固体電解質

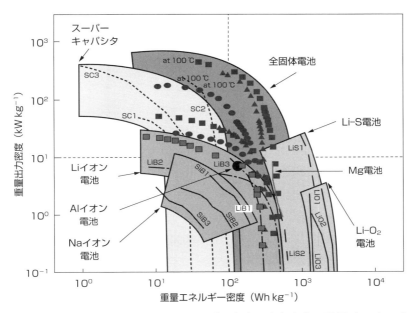

図3.5 様々な蓄電池におけるエネルギー密度と出力密度の関係（ラゴンプロット）

出典：Y. Kato, S. Hori, T. Saito, K. Suzuki, M. Hirayama, A. Mitsui, M. Yonemura, H. Iba, R. Kanno, High-power all-solid-state batteries using sulfide superionic conductors, *Nat. Energy*, 1, 16030 (2016).[18]

3.3 リチウムイオン伝導性固体電解質

3.3.1 リチウムイオン導電体の歴史

　リチウムイオン導電体も古くから知られており、その代表的な材料として銀イオン、銅イオン導電体と同様にハロゲン化物がある。ハロゲン化リチウム（LiX）はX＝F，Cl，BrにおいてNaCl型の結晶構造をとり、イオン結晶である。例外的に、イオン半径が大きく分極率の大きなヨウ素と組み合わせたLiIだけが部分的に共有結合性を示し、一連のハロゲ

第３章　固体電解質の種類

ン化物の中では高いリチウムイオン導電率を示す（〜10^{-7} S cm^{-1}）。先に述べたように、この LiI はペースメーカ用の全固体電池の固体電解質として応用されている。しかしそういった特殊な用途を除けば、そのイオン導電率は大きく向上させる必要があった。1970〜1980 年代には CaI$_2$ や CaO などとの固溶体探索や、Al$_2$O$_3$ の添加などによってイオン導電率は向上していった。特に Al$_2$O$_3$ を LiI 中に分散させた場合は、10^{-5} S cm^{-1} オーダーまで増大する。この現象はイオン導電体と絶縁体界面におけるナノ効果によると考えられ、ナノイオニクスと呼ばれる領域となり、現在でも多種多様なイオン導電性材料において研究や開発が行われている。

　金属リチウムの窒化によって得られる窒化リチウム（Li$_3$N）は、1980 年代に注目された重要な固体電解質材料である。室温でのイオン導電率は最大 10^{-3} S cm^{-1} オーダーであり、ハロゲン化リチウムを中心とした材料に比べて、さらに二桁程度高くなっている。しかしながら、分解電圧がリチウム金属に対して 0.5 V 程度であったため、高電圧型の全固体電池が見通せない。この課題を解決するため、LiI、LiBr、LiOH などとの複合化が試みられたが、その酸化分解電位は 2 V 以上へと向上させることができなかったため、他の材料系探索へと注目が集まっていた。

　安定性の高い材料系としては酸化物系の物質が挙げられる。特に Li$_3$PO$_4$ や Li$_2$SO$_4$ は高温下において、高いイオン導電率を示す。そのため、様々な酸素酸塩を組み合わせて物質探索が進められた。特に γ-Li$_3$PO$_4$ 型の構造を有する結晶材料は室温付近で 10^{-7}〜10^{-5} S cm^{-1} のイオン導電率を示し、LiI-Al$_2$O$_3$ 系に匹敵する。非晶質、結晶質を問わず探索は進んだが、特に重要な物質は Li$_4$GeO$_4$-Zn$_2$GeO$_4$ の固溶体として 1978 年に見出された結晶性 Li$_{14}$Zn(GeO$_4$)$_4$：LISICON（Li Super Ionic Conductor）である（**図 3.6**）[22]。この材料は Li$_4$GeO$_4$ を母構造にして、Li$_{4-2x}$Zn$_x$GeO$_4$ の組成式に従い、リチウム位置に空孔を導入することでイオン導電率を増大させている。多種の元素の組み合わせ、かつ、幅広い組成域におい

38

3.3 リチウムイオン伝導性固体電解質

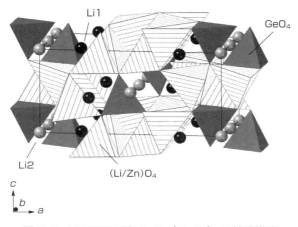

図 3.6　LISICON 型 Li$_{14}$Zn(GeO$_4$)$_4$ の結晶構造

て固溶体が形成されるため非常に多くの関連物質が見出された。そのため現在では、LiO$_4$、GeO$_4$、SiO$_4$、PO$_4$、ZnO$_4$、VO$_4$ などの四面体と LiO$_6$ 八面体からなる骨格構造を持つ酸化物質群が広く LISICON と呼ばれている。

この酸化物 LISICON 系材料のイオン導電率をさらに向上させる試みとして、より分極率の大きい硫黄をアニオンとして選択した材料探索が行われた。Li$_2$S–GeS$_2$、Li$_2$S–GeS$_2$–ZnS などの硫化ゲルマニウムを中心とした探索により、室温で 10^{-5} S cm^{-1} 以上のイオン導電率を示す物質が 2000 年に見出された[23]。これらの硫化物材料は γ-Li$_3$PO$_4$ を基本とした LISICON と構造が同じであることがわかり、thio–LISICON（チオリシコン）と命名された。その後、骨格元素を置き換えた（Si、Ge、P、Ga など）様々な物質探索が行われ、酸化物と同様に thio–LISICON 物質群が見出されていった。特にイオン導電率が高い材料は Li$_{4-x}$Ge$_{1-x}$P$_x$S$_4$ の固溶体探索の過程で見出され、室温で 2.2×10^{-3} S cm^{-1} を示した[24]。この物質探索は非常に重要で、世界最高のリチウムイオン導電率を示す材料系となった 2011 年の Li$_{10}$GeP$_2$S$_{12}$ の発見につながっている[16]。

第3章　固体電解質の種類

　ペロブスカイト型 $La_{2/3-x}Li_{3x}TiO_3$ は 1990 年代に発見されたイオン導電体である。ペロブスカイト酸化物は ABO_3 の一般式であらわされ、BO_6 八面体が頂点を共有することで骨格が形成され、12配位位置にA原子が存在する。A位置にはアルカリ金属やアルカリ土類金属、ランタノイドなどの比較的大きなカチオンが存在し、BサイトはAサイトに比べて小さいカチオンが占める。この組み合わせとして、La、Li を A サイト、Ti を B サイトとすることで、室温で $10^{-3}\,S\,cm^{-1}$ のイオン導電率が発現する[25),26)]。しかし、粒界抵抗が大きいことや、Ti^{4+} が金属リチウムに対して 1.5 V 程度で還元されてしまうことが課題となっている。この還元分解の課題は、NASCION 型のリチウム導電体 $Li_{1+x}Al_xTi_{2-x}(PO_4)_3$ においても生じている。そのため、これらの材料は低電位負極であるグラファイトや金属リチウムとして組み合わせて使うことは難しい。

　電気化学的安定性の高い材料としてはガーネット型の酸化物が知られている。この材料は比較的新しい物質で、2003 年にはじめてイオン導電特性が報告された[27)]。基本組成は $Li_5La_3M_2O_{12}$（M＝Nb, Ta）であり、発見当初は $10^{-6}\,S\,cm^{-1}$ 程度のイオン導電率であった。その後の元素置換系の材料探索において、五価のMカチオンを四価カチオンに置き換え $Li_7La_3Zr_2O_{12}$ とすることで、イオン導電率は大きく増大し、$5\times10^{-4}\,S\,cm^{-1}$ まで達した[28)]。高いイオン導電率に加えて金属リチウムに対して安定であるということで、注目が高まった。その後の研究では合成プロセス中でAlが混入していることが明らかになり、これによりイオン導電率の高い立方晶系のガーネットが得られていることが見出された。さらに様々な元素置換によって、立方晶の安定化、組成中のリチウム量最適化が進められ、非常に複雑な組成を持つ $Li_{6.20}Ga_{0.30}La_{2.95}Rb_{0.05}Zr_2O_{12}$ では室温でのイオン導電率は $1.6\times10^{-3}\,S\,cm^{-1}$ となった[29)]。

3.3 リチウムイオン伝導性固体電解質

表3.2　リチウム系固体電解質の分類、組成、イオン導電特性のまとめ

リチウム導電性材料			イオン導電率 ($S\ cm^{-1}$@r.t.)	活性化エネルギー ($kJ\ mol^{-1}$)	文献
一般的な有機電解液			$>10^{-2}$	—	35)
酸化物	結晶質	$Li_{1.3}Al_{0.3}Ti_{1.7}(PO_4)_3$	7.0×10^{-4}	34	36)
		$La_{0.51}Li_{0.34}TiO_{2.94}$	1.4×10^{-3}	35	37)
		$Li_7La_3Zr_2O_{12}$	5.1×10^{-4}	31	28)
	非晶質	$Li_{2.9}PO_{3.3}N_{0.46}$	3.3×10^{-6}	52	38)
硫化物	結晶質	$Li_{10}GeP_2S_{12}$	1.2×10^{-2}	26	16)
		$Li_{3.25}Ge_{0.25}P_{0.75}S_4$	2.2×10^{-3}	20	24)
		Li_6PS_5Cl	1.3×10^{-3}	32	39)
	ガラス セラミック	$Li_7P_3S_{11}$	1.7×10^{-2}	17	20)
	非晶質	$70Li_2S$–$30P_2S_5$	1.6×10^{-4}	39	40)
その他	結晶質	$Li_2B_{12}H_{12}$	2.0×10^{-5}	44	41)
		$Li_3OCl_{0.5}Br_{0.5}$	1.9×10^{-3}	17	42)

3.3.2　リチウム系固体電解質の分類

　次に、代表的な材料系に絞り、その分類について説明する（表3.2）。リチウム系固体電解質は、酸化物系、硫化物系が主であり、その他にはハロゲン化物、窒化物などが知られている[30)-33)]。そのため、全固体リチウム電池は用いられている固体電解質の種類で大別すると、硫化物系、酸化物系、とすることができる。最近では水素化物系のリチウム導電材料も報告されており、新しい研究開発の分野となっている[14), 34)]。

酸化物系全固体リチウム電池

　化学的安定性の観点から酸化物は魅力的であり、ペロブスカイト型、NASICON型、LISICON型、ガーネット型の材料を中心に結晶性材料が開発され、イオン導電率は 10^{-6}〜$10^{-3}\,S\,cm^{-1}$ 程度である。特にガーネット型材料はイオン導電率が $10^{-3}\,S\,cm^{-1}$ かつ、負極Liに対して安定で

第3章　固体電解質の種類

あることが知られており高エネルギー密度化が期待されている。しかし、ほとんどの材料系において粒界抵抗が大きいことが課題であり、粒界のイオン導電率はバルクより一桁以上低い。そのため Li_3BO_3、Li_2CO_3、Li_2SO_4 などの低融点ガラス材料（$T_{mp} = 700 \sim 900$ ℃）も注目を集めている[43),44)]。これらの材料は、熱処理によって活物質との良好な接触界面を形成させることを主目的に用いられている。単一組成での利用や複数組成を組み合わせる場合、さらには他の結晶性材料と組み合わせて粒界を埋める役割を担わせることがある。酸化物系全固体電池実現の鍵は、高イオン伝導性と界面接合性を兼ね備えた固体電解質の開発であり、現在も研究開発が進められている。また、酸化物系材料の合成には1000℃以上の高温条件が必要なことが一般的であり、低温（〜600℃）合成実現を目指したプロセス開発も行われている[45)]。

硫化物系全固体リチウム電池

　硫化物系材料は酸化物系と比べて高いイオン導電率（$10^{-4} \sim 10^{-2}$ $S\,cm^{-1}$）を示す材料が多いことが特徴である。物質群としては結晶性のチオリシコン型、$Li_{10}GeP_2S_{12}$ 型、アルジロダイト型、$Li_7P_3S_{11}$ 型、Li_2S–P_2S_5 に代表されるガラス、ガラスセラミック系が多く報告されている。また、硫化物系の材料そのものが柔らかく、高い可塑性を有するために、室温で高圧プレスを行って複合化した際の粒界抵抗が抑制できることが利点である[46)]。イオン導電率の高さ、界面形成のしやすさから、実用化に向けた本命と考えられている。一方で、酸化物系の正極活物質との界面で高抵抗な相が形成する課題があるが、$LiNbO_3$ などの絶縁性酸化物被覆により界面抵抗が低減できることがわかっている[21)]。もう一つの硫化物系材料の課題は大気安定性であるが、組成制御、構成元素の選択で大気中での H_2S ガス発生量を抑制でき、結晶構造の安定性を向上できることがわかってきた[47),48)]。また、固体電解質材料の量産性も課題として挙げられる。固体電解質材料のほとんどは機械混合法と固相反応

3.3 リチウムイオン伝導性固体電解質

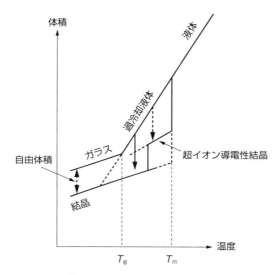

図 3.7　ガラスと結晶における体積と温度の関係

出典：菅野了次 監修,「全固体電池の基礎理論と開発最前線」[50]，第 5 章「硫化物系ガラスおよびガラスセラミック固体電解質の基礎理論と開発」を参考に作図

法により合成されるため、大量生産には向いていない。そのため、液相合成による生産性の向上を目指した研究が行われている[49]。

　組成での分類に加えて、材料の構造的な特徴から分類することができる。ここではガラス、結晶性材料の特徴にふれる。一般にガラス材料は高温の溶融状態から急冷することで得られる。ガラスは過冷却液体の乱れた構造を維持しているため、材料内部の原子配列は大きく乱れ、自由体積を有し、長距離にわたる周期構造が存在しないことが特徴である。このように原子の配列は結晶材料が示す最密充填とは大きく異なるため、その相対体積（vol/mol）が大きい（図 3.7）。これによって、キャリアイオンの拡散が円滑に進行するという性質が現れる。もう一つ大きな特徴は、その柔らかさである。当然組成によってその度合いは変化するが、

第3章 固体電解質の種類

例えば Li_3PS_4 ガラスは室温で圧力を加えるだけで焼結体に近い 90 % 以上の密度を達成する[46]。これによって電池内部のエネルギー密度や、イオン導電に寄与しない空隙率を下げることができるため、電極複合体を作成する上で大きな利点となっている。一方で、熱力学的には準安定な状態であるため、ガラス材料を加熱していくと結晶化が進行してイオン導電率は大きく変化する。図 3.7 に示すように、ガラス転移点 (T_g) まで加熱すると過冷却液体へと相転移し、さらに温度を上昇させると安定な結晶相が析出する。このとき析出する結晶相は、結晶構造として最適化されていない場合、イオン導電率は低下する。そのため、ガラス材料は高温での長期利用には適さないことがある。しかし、ある特殊な組成においては結晶化過程で超イオン導電特性を示す、準安定相が得られることがある。その好例が Li_2S と P_2S_5 をガラス化、昇温することで得られる $Li_7P_3S_{11}$ ガラスセラミック材料である。この材料は室温で 1.7×10^{-2} S cm^{-1} のイオン導電率を示す、超イオン導電体である[20]。

また、結晶材料においては、ある特定の結晶構造を形成する組成が限

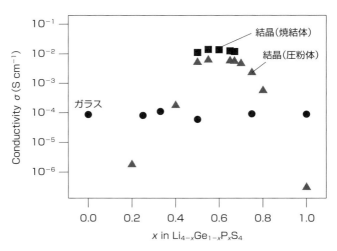

図 3.8　$Li_{4-x}Ge_{1-x}P_xS_4$ における組成 (x) と室温でのイオン導電率の関係性

3.3 リチウムイオン伝導性固体電解質

られるが、ガラス系においては、より広い組成域で材料を作ることができる。その結果として、特定の結晶構造でのみ優れたイオン導電率を発現する結晶性材料に比べて、広い組成域で高いイオン導電特性を発現するという特徴がある（**図 3.8**）[24), 51)-53)]。Li_4GeS_4–Li_3PS_4 の連結線（$Li_{4-x}Ge_{1-x}P_xS_4$）上で材料を合成すると、ガラス系では組成に大きく依存せずに 10^{-4} S cm^{-1} 程度の比較的良好なイオン導電特性を示す。結晶材料の場合 $x=0.6$ 近傍では $Li_{10}GeP_2S_{12}$ 型の超イオン導電相が形成し、イオン導電率が 10^{-2} S cm^{-1} 程度に達する。その一方、端組成領域（$x=0.2$, 1.0）では、それぞれ Li_4GeS_4 型、および γ–Li_3PS_4 型の結晶相が形成し、そのイオン導電率は 10^{-5} S cm^{-1} 以下の低い値となる。このように、結晶材料では組成と構造を最適化しない限り高いイオン導電率を得ることはできない。

　結晶材料の場合、具体的にどういった構造や組成が高いイオン導電率に求められるのかについて簡単にまとめる。

1. 目的とする可動イオンの占有位置およびそのイオンが占有できる空の位置が多い
2. イオン拡散経路を有する
3. イオン拡散経路の大きさが可動イオンに適した大きさである
4. 占有位置と空の位置のポテンシャルエネルギー差が小さい
5. 可動イオンもしくは陰イオン副格子が大きな分極率を有する

　これらの項目は考えれば当然の要請であり、多くの固体化学や材料科学の教科書にも詳しく記載されている。1、2 は言い換えると、キャリア濃度が高く、かつ移動に必要な空の位置があり、それらが構造中に連なって存在することを意味している。もちろん、三次元的な骨格構造であることが望ましい。1、2 によって形成する拡散経路の最適な大きさは可動イオンによって変わるため、3 は拡散経路が存在するだけでは不十分

45

第3章 固体電解質の種類

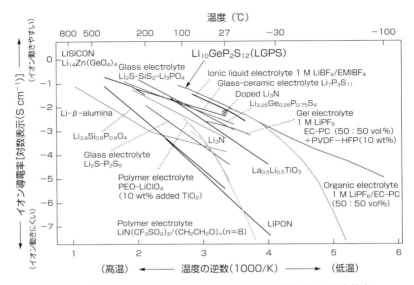

図 3.9 様々なリチウムイオン伝導体のイオン導電率の温度依存

出典：N. Kamaya, K. Homma, Y. Yamakawa, M. Hirayama, R. Kanno, M. Yonemura, T. Kamiyama, Y. Kato, S. Hama, K. Kawamoto, A. Mitsui, A lithium superionic conductor, *Nat. Mater.*, 10, 682 (2011)[16]

であることを示している。4は占有位置と空の位置の移動に必要な活性化エネルギーが低い方が望ましく、かつ特定の位置だけ極端に不安定もしくは安定であると、連続的なイオンの移動が進まないことを意味している。その結果として、可動イオンが拡散経路中に平均的に分布することになり、連続的なイオン分布として観測される。分極率はイオンの変形のしやすさの指標として考えることができ、その値が大きくなるとイオン拡散の際に可動イオンもしくは副格子が変形することができるため、理想的なイオン結晶と比べて拡散に有利であることを示唆する。例えば、銀イオン導電体 $RbAg_4I_5$ は全ての項目を満たしているため、結果として非常に高いイオン導電率を示す。

次にリチウム系の具体例として、超イオン導電体 $Li_{10}GeP_2S_{12}$ を紹介する（**図 3.9**）。$Li_{10}GeP_2S_{12}$ は代表的なリチウム超イオン導電体チオリシコ

3.3 リチウムイオン伝導性固体電解質

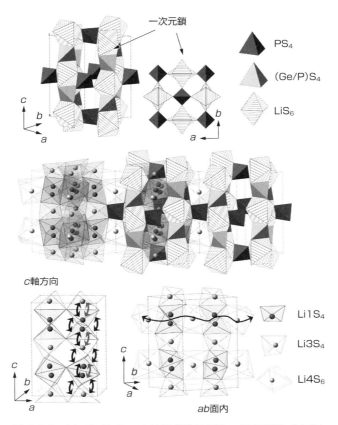

図 3.10 Li$_{10}$GeP$_2$S$_{12}$ の結晶構造モデル。骨格構造（上段）、骨格構造とリチウム占有位置（中段）、リチウム占有位置（下段）

ン材料[24]である Li$_4$GeS$_4$–Li$_3$PS$_4$ 擬二成分相図を作製する過程で発見された[16]。一般式は Li$_{4-x}$Ge$_{1-x}$P$_x$S$_4$ で記述され、出発物質の処理条件や、合成温度の最適化により、$x=0.67$ において、既存物質とは全く異なる結晶構造を有する新規な LGPS 型相が見出された。図 3.9 に示すように、LGPS は既存の固体電解質を大きく上回り、電解液に匹敵する極めて高いイオン導電率を示す（12.3 mS cm^{-1}@27 ℃）。また、イオン伝導の活

47

第 3 章　固体電解質の種類

性化エネルギーも 24 kJ mol^{-1} と小さく、−100 から 100 ℃の温度範囲において高いイオン導電率を示す。

　このイオン導電体としての優れた物性を実現する鍵は Li$_{10}$GeP$_2$S$_{12}$ の有する特徴的な結晶構造に由来する（**図 3.10**）。リチウムイオン拡散経路を提供する骨格は、(Ge/P)S$_4$ 四面体と LiS$_6$ 八面体が稜を共有した一次元鎖を PS$_4$ 四面体が結びつけることで成り立つ。この三次元骨格中にリチウムイオンは存在し、この骨格は分極率の大きな硫化物イオンが形成する。この骨格内において、c 軸方向に稜共有した LiS$_4$ 四面体が一次元的に連なって存在する（−Li3−Li1−Li1−Li3−）。また、ab 面内では LiS$_4$ 四面体と LiS$_6$ 八面体が稜を共有してつながっている（−Li4−Li1−Li4−Li1−）。これによって、リチウムイオンは三次元的に骨格構造内を拡散することができる。これらの拡散に寄与するリチウム位置は Li1、Li3、Li4 の三種類であり、それぞれの占有率は組成にもよるが 0.45、0.75、0.77 程度である[52]。そして、各稜共有したリチウム位置同士の間には四面体の空のサイトが存在する。例えば c 軸方向のリチウム拡散経路では各リチウム位置のポテンシャルエネルギー差は小さく、活性化障壁が小さいことも理論計算によって明らかにされている[54]。このように、Li$_{10}$GeP$_2$S$_{12}$ はリチウムイオン拡散に適した構成元素、構造的特徴を全て有しているため、高いイオン導電率と低い活性化エネルギーを示すと考えられる。またこの材料は、高温（750 K）中性子回折データを使った最大エントロピー法によってリチウムの核密度分布が可視化され、三次元的なイオン拡散によって超イオン導電特性が発現することが実験的に確認された[52]。その中でも特にイオン導電率が高い Li$_{9.54}$Si$_{1.74}$P$_{1.44}$S$_{11.7}$Cl$_{0.3}$（25 mS cm^{-1}）では、室温付近においても三次元的なリチウムの核密度分布を示すことが明らかになった（**図 3.11**）[18]。Li1 と Li3 を介した c 軸方向、Li1 と Li4 を介した ab 面内のリチウムの核密度は骨格構造内で三次元的につながっており、構造中に広がりを持って分布している様子がわかる。

　結晶性の固体電解質の特徴として、結晶構造解析に基づいた材料設計

48

3.3 リチウムイオン伝導性固体電解質

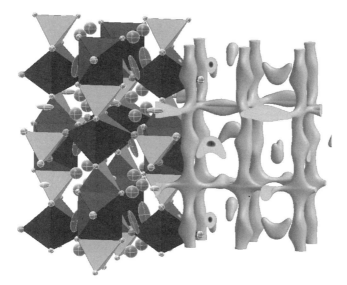

図 3.11 Li$_{9.54}$Si$_{1.74}$P$_{1.44}$S$_{11.7}$Cl$_{0.3}$の結晶構造とリチウムイオンの核密度分布

が可能であるという点が挙げられる。例えば Li$_4$M^{4+}O$_4$ に対して、M^{4+} → M'$^{3+}$ + Li$^+$ という元素置換を行うと、構造内に過剰なリチウムイオンを導入することができるため、キャリア濃度増加によるイオン導電率の向上が期待できる。逆に、M^{4+} + Li$^+$ → M''$^{5+}$ とすれば、リチウム空孔が増大するため、イオン拡散に利用できる空の位置を増やすことができる。さらに、骨格を形成する金属カチオン (M^{n+}) や、副格子を形成するアニオンのイオン半径が変わると、リチウムイオンの拡散経路サイズを調整することができる。また、同一構造の多種にわたる組成材料を合成することで、イオン導電率と格子定数、原子座標、原子占有率、結合長（角）などの結晶構造パラメーターの因果関係を明らかにすることができるため、イオン導電率向上に向けた具体的な材料設計の指針を得ることもできる。こういった利点があるため、イオン導電特性を示す結晶構造が一度報告されると、その構造を中心とした材料探索が開始される。

第 3 章 固体電解質の種類

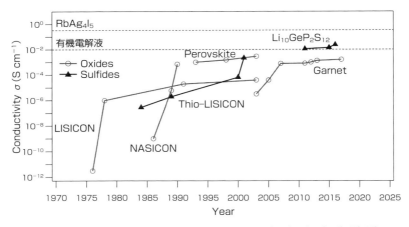

図 3.12 イオン導電率変化の歴史[16),18),22)-25),27)-29),36),52),55)-68)]

これまでに報告されている、代表的な結晶材料の構造名とイオン導電率変化の推移をまとめたグラフを図 3.12 に示す。LISICON や NASICON といった結晶構造を使った材料探索から開発がはじまり、イオン導電率は室温でほぼ絶縁体（<10^{-10} S cm^{-1}）の状態から大幅に増大し、10^{-4} S cm^{-1} オーダーにまで達した。その後(La, Li)TiO$_3$ に代表されるペロブスカイト材料が 1990 年代に報告されることで、ついに 10^{-3} S cm^{-1} オーダーの領域に到達した。1980 年代から Li$_3$PS$_4$ 系の材料探索は行われていたが、LISICON の発展と並行しながら硫化物系材料の探索は進められ、2001 年には Li-Ge-P-S 系のチオリシコン材料が見出され 2.2×10^{-3} S cm^{-1} まで向上した。固体電解質のリチウムイオンの輸率（~1）を考慮すると、ほぼ有機電解液（リチウムイオン輸率：~0.5）と同等のイオン導電特性である。しかし、それでも実際の電池性能は全固体電池の方が液系電池に比べて劣っており、酸化物正極と硫化物固体電解質界面の問題解決を待つ必要があった[37)]。その後、2011 年には Li$_{10}$GeP$_2$S$_{12}$ が見出され、ついにイオン導電率は有機電解液並みの 1.2×10^{-2} S cm^{-1} となった。Li$_{10}$GeP$_2$S$_{12}$ を中心に探索はさらに進み、組成最適

3.3 リチウムイオン伝導性固体電解質

化により室温で三次元的なイオン拡散挙動を示す $Li_{9.54}Si_{1.74}P_{1.44}S_{11.7}Cl_{0.3}$
（$2.5 \times 10^{-2}\,S\,cm^{-1}$）が見出された。しかしながら、銀イオン導電体
（$RbAg_4I_5$）と比べると、もう一桁以上向上の余地はある。今後も既知結
晶構造を活用した材料探索の継続が必要であると同時に、全く新しい結
晶構造を有する物質の発見が望まれている。

文献

1) T. Takahashi, O. Yamamoto, The $Ag/Ag_3SI/I_2$ solid-electrolyte cell, *Electrochim. Acta,* 11, 779（1966）.

2) M. Tatsumisago, Y. Shinkuma, T. Minami, Stabilization of superionic α-AgI at room temperature in a glass matrix, *Nature,* 354, 217（1991）.

3) R. Makiura, T. Yonemura, T. Yamada, M. Yamauchi, R. Ikeda, H. Kitagawa, K. Kato, M. Takata, Size-controlled stabilization of the superionic phase to room temperature in polymer-coated AgI nanoparticles, *Nat. Mater.,* 8, 476（2009）.

4) T. Takahashi, R. Kanno, Y. Takeda, O. Yamamoto, Solid-state ionics-the CuCl CuI RbCl system, *Solid State Ionics,* 3, 283（1981）.

5) J. B. Goodenough, H. Y.-P. Hong, J. A. Kafalas, Fast Na^+- ion transport in skeleton structures, *Mater. Res. Bull.,* 11, 203（1976）.

6) P. R. Rudolf, A. Clearfield, J. D. Jorgensen, A time of flight neutron powder rietveld refinement study at elevated temperature on a monoclinic near-stoichiometric NASICON, *J. Solid State Chem.,* 72, 100（1988）.

7) D. T. Qui, J. J. Capponi, M. Gondrand, M. Saïb, J. C. Joubert, R. D. Shannon, Thermal expansion of the framework in NASICON-type structure and its relation to Na^+ mobility, *Solid State Ionics,* 3-4, 219（1981）.

8) A. Hayashi, K. Noi, A. Sakuda, M. Tatsumisago, Superionic glass-ceramic electrolytes for room-temperature rechargeable sodium batteries, *Nat. Commun.,* 3, 856（2012）.

9) S. Takeuchi, K. Suzuki, M. Hirayama, R. Kanno, Sodium superionic con-

第 3 章　固体電解質の種類

duction in tetragonal Na_3PS_4, *J. Solid State Chem.*, 265, 353 (2018).

10) R. P. Rao, H. Chen, L. L. Wong, S. Adams, $Na_{3+x}M_xP_{1-x}S_4$ ($M = Ge^{4+}$, Ti^{4+}, Sn^{4+}) enables high rate all-solid-state Na-ion batteries $Na_{2+2\delta}Fe_{2-\delta}$ $(SO_4)_3|Na_{3+x}M_xP_{1-x}S_4|Na_2Ti_3O_7$, *J. Mater. Chem. A*, 5, 3377 (2017).

11) W. D. Richards, T. Tsujimura, L. J. Miara, Y. Wang, J. C. Kim, S. P. Ong, I. Uechi, N. Suzuki, G. Ceder, Design and synthesis of the superionic conductor $Na_{10}SnP_2S_{12}$, *Nat. Commun.*, 7, 11009 (2016).

12) L. Zhang, D. Zhang, K. Yang, X. Yan, L. Wang, J. Mi, B. Xu, Y. Li, Vacancy-contained tetragonal Na_3SbS_4 superionic conductor, *Adv. Sci.* (*Weinh*), 3, 1600089 (2016).

13) W. S. Tang, M. Matsuo, H. Wu, V. Stavila, W. Zhou, A. A. Talin, A. V. Soloninin, R. V. Skoryunov, O. A. Babanova, A. V. Skripov, A. Unemoto, S.-I. Orimo, T. J. Udovic, Liquid-like ionic conduction in solid lithium and sodium monocarba-closo-decaborates near or at room temperature, *Advanced Energy Materials*, 6, (2016).

14) W. S. Tang, K. Yoshida, A. V. Soloninin, R. V. Skoryunov, O. A. Babanova, A. V. Skripov, M. Dimitrievska, V. Stavila, S.-i. Orimo, T. J. Udovic, Stabilizing superionic-conducting structures via mixed-anion solid solutions of monocarba-closo-borate salts, *ACS Energy Letters*, 1, 659 (2016).

15) J. B. Bates, N. J. Dudney, Thin film rechargeable lithium batteries for implantable devices, *ASAIO Journal*, 43, M644 (1997).

16) N. Kamaya, K. Homma, Y. Yamakawa, M. Hirayama, R. Kanno, M. Yonemura, T. Kamiyama, Y. Kato, S. Hama, K. Kawamoto, A. Mitsui, A lithium superionic conductor, *Nat. Mater.*, 10, 682 (2011).

17) S. Hori, K. Suzuki, M. Hirayama, Y. Kato, T. Saito, M. Yonemura, R. Kanno, Synthesis, structure, and ionic conductivity of solid solution, $Li_{10+\delta}M_{1+\delta}P_{2-\delta}S_{12}$ ($M = Si, Sn$), *Faraday Discuss.*, 176, 83 (2014).

18) Y. Kato, S. Hori, T. Saito, K. Suzuki, M. Hirayama, A. Mitsui, M. Yonemura, H. Iba, R. Kanno, High-power all-solid-state batteries using

sulfide superionic conductors, *Nature Energy*, 1, 16030 (2016).

19) Y. Sun, K. Suzuki, S. Hori, M. Hirayama, R. Kanno, Superionic conductors: $Li_{10+\delta}[Sn_ySi_{1-y}]_{1+\delta}P_{2-\delta}S_{12}$ with a $Li_{10}GeP_2S_{12}$-type structure in the Li_3PS_4–Li_4SnS_4–Li_4SiS_4 quasi-ternary system, *Chem. Mater.*, 29, 5858 (2017).

20) Y. Seino, T. Ota, K. Takada, A. Hayashi, M. Tatsumisago, A sulphide lithium super ion conductor is superior to liquid ion conductors for use in rechargeable batteries, *Energ. Environ. Sci.*, 7, 627 (2014).

21) N. Ohta, K. Takada, L. Zhang, R. Ma, M. Osada, T. Sasaki, Enhancement of the high-rate capability of solid-state lithium batteries by nanoscale interfacial modification, *Adv. Mater.*, 18, 2226 (2006).

22) U. v. Alpen, M. F. Bell, W. Wichelhaus, K. Y. Cheung, G. J. Dudley, Ionic conductivity of $Li_{14}Zn(GeO_4)_4$ (Lisicon), *Electrochim. Acta*, 23, 1395 (1978).

23) R. Kanno, T. Hata, Y. Kawamoto, M. Irie, Synthesis of a new lithium ionic conductor, thio-LISICON—lithium germanium sulfide system. *Solid State Ionics*, 130, 97 (2000).

24) R. Kanno, M. Murayama, Lithium ionic conductor thio-LISICON: the Li_2S GeS_2 P_2S_5 system, *J. Electrochem. Soc.*, 148, A742 (2001).

25) Y. Inaguma, C. Liquan, M. Itoh, T. Nakamura, T. Uchida, H. Ikuta, M. Wakihara, High ionic conductivity in lithium lanthanum titanate, *Solid State Commun.*, 86, 689 (1993).

26) Y. Inaguma, L. Chen, M. Itoh, T. Nakamura, Candidate compounds with perovskite structure for high lithium ionic conductivity, *Solid State Ionics*, 70–71, 196 (1994).

27) V. Thangadurai, H. Kaack, W. J. F. Weppner, Novel fast lithium ion conduction in garnet-type $Li_5La_3M_2O_{12}$ (M = Nb, Ta), *J. Am. Ceram. Soc.*, 86, 437 (2003).

28) R. Murugan, V. Thangadurai, W. Weppner, Fast lithium ion conduction in garnet-type $Li_7La_3Zr_2O_{12}$, *Angew. Chem. Int. Ed.*, 46, 7778 (2007).

第 3 章　固体電解質の種類

29) J. F. Wu, E. Y. Chen, Y. Yu, L. Liu, Y. Wu, W. K. Pang, V. K. Peterson, X. Guo, Gallium-doped $Li_7La_3Zr_2O_{12}$ garnet-type electrolytes with high lithium-ion conductivity, *ACS Appl. Mater. Interfaces*, 9, 1542 (2017).

30) P. Knauth, Inorganic solid Li ion conductors: an overview, *Solid State Ionics*, 180, 911 (2009).

31) V. Thangadurai, S. Narayanan, D. Pinzaru, Garnet-type solid-state fast Li ion conductors for Li batteries: critical review, *Chem. Soc. Rev.*, 43, 4714 (2014).

32) Z. Gao, H. Sun, L. Fu, F. Ye, Y. Zhang, W. Luo, Y. Huang, Promises, challenges, and recent progress of inorganic solid-state electrolytes for all-solid-state lithium batteries, *Adv. Mater.*, 30, (2018).

33) K. Kerman, A. Luntz, V. Viswanathan, Y.-M. Chiang, Z. Chen, Review—practical challenges hindering the development of solid state Li ion batteries, *J. Electrochem. Soc.*, 164, A1731 (2017).

34) M. Matsuo, Y. Nakamori, S.-i. Orimo, H. Maekawa, H. Takamura, Lithium superionic conduction in lithium borohydride accompanied by structural transition, *Appl. Phys. Lett.*, 91, 224103 (2007).

35) P. E. Stallworth, J. J. Fontanella, M. C. Wintersgill, C. D. Scheidler, J. J. Immel, S. G. Greenbaum, A. S. Gozdz, NMR, DSC and high pressure electrical conductivity studies of liquid and hybrid electrolytes, *J. Power Sources*, 81-82, 739 (1999).

36) H. Aono, E. Sugimoto, Y. Sadaoka, N. Imanaka, G. Adachi, Ionic conductivity of solid electrolytes based on lithium titanium phosphate, *J. Electrochem. Soc.*, 137, 1023 (1990).

37) M. Itoh, Y. Inaguma, W.-H. Jung, L. Chen, T. Nakamura, High lithium ion conductivity in the perovskite-type compounds $Ln_{12}Li_{12}TiO_3$ (Ln = La, Pr, Nd, Sm), *Solid State Ionics*, 70-71, 203 (1994).

38) X. Yu, J. B. Bates, G. E. Jellison, F. X. Hart, A stable thin-film lithium electrolyte: lithium phosphorus oxynitride, *J. Electrochem. Soc.*, 144, 524 (1997).

3.3 リチウムイオン伝導性固体電解質

39) S. Boulineau, M. Courty, J.-M. Tarascon, V. Viallet, Mechanochemical synthesis of Li-argyrodite Li_6PS_5X (X = Cl, Br, I) as sulfur-based solid electrolytes for all solid state batteries application, *Solid State Ionics*, 221, 1 (2012).

40) Z. Zhang, J. H. Kennedy, Synthesis and characterization of the B_2S_3 Li_2S, the P_2S_5 Li_2S and the B_2S_3 P_2S_5 Li_2S glass systems, *Solid State Ionics*, 38, 217 (1990).

41) S. Kim, N. Toyama, H. Oguchi, T. Sato, S. Takagi, T. Ikeshoji, S.-i. Orimo, Fast lithium-ion conduction in atom-deficient closo-type complex hydride solid electrolytes, *Chem. Mater.*, 30, 386 (2018).

42) Y. Zhao, L. L. Daemen, Superionic conductivity in lithium-rich anti-perovskites, *J. Am. Chem. Soc.*, 134, 15042 (2012).

43) M. Tatsumisago, R. Takano, K. Tadanaga, A. Hayashi, Preparation of Li_3BO_3–Li_2SO_4 glass-ceramic electrolytes for all-oxide lithium batteries, *J. Power Sources*, 270, 603 (2014).

44) S. Ohta, S. Komagata, J. Seki, T. Saeki, S. Morishita, T. Asaoka, All-solid -state lithium ion battery using garnet-type oxide and Li_3BO_3 solid electrolytes fabricated by screen-printing, *J. Power Sources*, 238, 53 (2013).

45) C.-H. Lee, G.-J. Park, J.-H. Choi, C.-H. Doh, D.-S. Bae, J.-S. Kim, S.-M. Lee, Low temperature synthesis of garnet type solid electrolyte by modified polymer complex process and its characterization, *Mater. Res. Bull.*, 83, 309 (2016).

46) A. Sakuda, A. Hayashi, M. Tatsumisago, Sulfide solid electrolyte with favorable mechanical property for all-solid-state lithium battery, *Scientific Reports*, 3, 2261 (2013).

47) H. Muramatsu, A. Hayashi, T. Ohtomo, S. Hama, M. Tatsumisago, Structural change of Li_2S–P_2S_5 sulfide solid electrolytes in the atmosphere, *Solid State Ionics*, 182, 116 (2011).

48) G. Sahu, Z. Lin, J. Li, Z. Liu, N. Dudney, C. Liang, Air-stable, high-conduction solid electrolytes of arsenic-substituted Li_4SnS_4, *Energ. Environ.*

55

Sci., 7, 1053（2014）.

49) S. Teragawa, K. Aso, K. Tadanaga, A. Hayashi, M. Tatsumisago, Liquid-phase synthesis of a Li_3PS_4 solid electrolyte using N-methylformamide for all-solid-state lithium batteries, *Journal of Materials Chemistry A*, 2, 5095（2014）.

50) 菅野了次 監修，全固体電池の基礎理論と開発最前線，シーエムシー・リサーチ（2018）.

51) K. Homma, M. Yonemura, T. Kobayashi, M. Nagao, M. Hirayama, R. Kanno, Crystal structure and phase transitions of the lithium ionic conductor Li_3PS_4, *Solid State Ionics*, 182, 53（2011）.

52) O. Kwon, M. Hirayama, K. Suzuki, Y. Kato, T. Saito, M. Yonemura, T. Kamiyama, R. Kanno, Synthesis, structure, and conduction mechanism of the lithium superionic conductor $Li_{10+\delta}Ge_{1+\delta}P_{2-\delta}S_{12}$, *Journal of Materials Chemistry A*, 3, 438（2015）.

53) Y. Ito, A. Sakuda, T. Ohtomo, A. Hayashi, M. Tatsumisago, Li_4GeS_4-Li_3PS_4 electrolyte thin films with highly ion-conductive crystals prepared by pulsed laser deposition, *J. Ceram. Soc. Jpn.*, 122, 341（2014）.

54) X. He, Y. Zhu, Y. Mo, Origin of fast ion diffusion in super-ionic conductors, *Nat. Commun.*, 8, 15893（2017）.

55) V. Thangadurai, W. Weppner, $Li_6ALa_2Ta_2O_{12}$（A = Sr, Ba）: Novel garnet-like oxides for fast lithium ion conduction, *Adv. Funct. Mater.*, 15, 107（2005）.

56) S. Ohta, T. Kobayashi, T. Asaoka, High lithium ionic conductivity in the garnet-type oxide $Li_{7-x} La_3(Zr_{2-x}, Nb_x)O_{12}(x=0\text{-}2)$, *J. Power Sources*, 196, 3342（2011）.

57) Y. Li, J.-T. Han, C.-A. Wang, H. Xie, J. B. Goodenough, Optimizing Li^+ conductivity in a garnet framework, *J. Mater. Chem.*, 22, 15357（2012）.

58) S.-W. Baek, J.-M. Lee, T. Y. Kim, M.-S. Song, Y. Park, Garnet related lithium ion conductor processed by spark plasma sintering for all solid state batteries, *J. Power Sources*, 249, 197（2014）.

3.3 リチウムイオン伝導性固体電解質

59) Y. Harada, T. Ishigaki, H. Kawai, J. Kuwano, Lithium ion conductivity of polycrystalline perovskite $La_{0.67-x}Li_{3x}TiO_3$ with ordered and disordered arrangements of the A-site ions, *Solid State Ionics*, 108, 407 (1998).

60) A. Morata-Orrantia, S. García-Martín, M. Á. Alario-Franco, Optimization of lithium conductivity in La/Li titanates, *Chem. Mater.*, 15, 3991 (2003).

61) D. Petit, P. Colomban, G. Collin, J. P. Boilot, Fast ion transport in $LiZr_2 (PO_4)_3$: Structure and conductivity, *Mater. Res. Bull.*, 21, 365 (1986).

62) B. V. R. Chowdari, K. Radhakrishnan, K. A. Thomas, G. V. Subba Rao, Ionic conductivity studies on $Li_{1-x}M_{2-x}M'_xP_3O_{12}$ (M = Hf, Zr ; M' = Ti, Nb), *Mater. Res. Bull.*, 24, 221 (1989).

63) B. E. Liebert, R. A. Huggins, Ionic conductivity of Li_4GeO_4, Li_2GeO_3 and $Li_2Ge_7O_{15}$, *Mater. Res. Bull.*, 11, 533 (1976).

64) H. Y. P. Hong, Crystal structure and ionic conductivity of $Li_{14}Zn (GeO_4)_4$ and other new Li^+ superionic conductors, *Mater. Res. Bull.*, 13, 117 (1978).

65) C. K. Lee, A. R. West, Liquid-like lithium ion conductivity in $Li_{4-3x}Al_xGeO_4$ solid electrolyte, *J. Mater. Chem.*, 1, 149 (1991).

66) E. I. Burmakin, V. I. Voronin, G. S. Shekhtman, Crystalline structure and electroconductivity of solid electrolytes $Li_{3.75}Ge_{0.75}V_{0.25}O_4$ and $Li_{3.70}Ge_{0.85}W_{0.15}O_4$, *Russ. J. Electrochem.*, 39, 1124 (2003).

67) M. Tachez, J.-P. Malugani, R. Mercier, G. Robert, Ionic conductivity of and phase transition in lithium thiophosphate Li_3PS_4, *Solid State Ionics*, 14, 181 (1984).

68) B. T. Ahn, R. A. Huggins, Synthesis and lithium conductivities of Li_2SiS_3 and Li_4SiS_4, *Mater. Res. Bull.*, 24, 889 (1989).

第４章

全固体電池の現状

第4章　全固体電池の現状

4.1　バルク型電池

　前章では固体電解質を拡散種別に眺め、それらを使用した全固体電池についても少しふれてきた。これらを時系列にそってみていくと、各種の固体電解質や全固体電池がどのような意図をもって開発されてきたかを知ることができ、それらは各固体電解質に求められる特性や全固体電池を実現するための技術がどのようなものであるかということを物語るものでもある。そこで、前章とも重複する部分が生じてしまうことは否めないが、本章では全固体電池をバルク型電池と薄膜電池に分類し、これら全固体電池の開発を時系列に俯瞰し、その詳細を記すことで、全固体電池における材料技術の紹介としたい。

　一般的に液体に比べてイオンの動きが遅い固体を電解質とすると電池の内部抵抗は増大する。この内部抵抗を低減するための一つの方法は、電池を薄型化し、イオンの輸送距離を減じることであり、このような発想により生まれたものが薄膜電池である。薄膜電池に関しては次節でふれるが、薄膜電池は優れたサイクル特性を示し、さらには全固体電池の大きな可能性を示すものである。しかしながら、現在最も全固体化が要望されている車載用途などに使用するためには、高いエネルギーを蓄えるために面積当たりの活物質量の大きな、すなわち厚型の電池を作製する必要がある。このような電池は、薄膜電池と対比させる意味でバルク型電池と呼ばれることもある。

4.1.1　銀系、銅系バルク型電池

　イオンの輸送距離が増加するバルク型電池において必要となるものは、固体電解質の高いイオン伝導性である。そのためバルク型の全固体電池の研究は、比較的早くから高いイオン伝導性を示した、銀イオンや銅イ

オンなどを伝導種とする固体電解質を採用したものであった。

室温近辺で液体電解質なみの高いイオン伝導度がはじめて観測された物質は α-AgI であるが、この結晶相は 147 ℃ 以上の温度域で安定であり、室温での安定相である β 相の伝導度は 10^{-5} S cm^{-1} にまで低下する[1]。そのため α-AgI における高速イオン伝導の発見をもとに 1950 年代には銀のハロゲン化物を固体電解質として使用した全固体電池が試作されたが[2]、室温における内部抵抗は極めて高く、出力性能に乏しいものであった（**表 4.1**）。

室温動作可能な全固体電池を実現するには、室温において高いイオン伝導度を示す固体電解質の存在が必須であり、AgI 類縁の化合物の探索が行われた結果、見つけ出された固体電解質が Ag$_3$SI[3] と RbAg$_4$I$_5$[4] である。Ag$_3$SI は 0.01 S cm^{-1} のイオン伝導度を示す固体電解質であり、1964年にはこの固体電解質を金属銀の負極、ヨウ素正極と組み合わせた全固体電池[5]が報告されている。室温での高いイオン伝導性によりこの電池の内部抵抗は 30 Ω となり、室温で数百マイクロアンペアの放電電流が観測されている。

また、α-AgI の高いイオン伝導性を室温まで保とうとする試みの中で見出されたものが RbAg$_4$I$_5$ である。AgI の銀の一部をアルカリ金属で置換することで**図 4.1**a に示したように β 相への転移温度は室温より低温に移動し、Ag の 20 ％ を Rb で置換したこの固体電解質の室温での伝導度は 0.21 S cm^{-1} にも達する。この物質を固体電解質として作製された

表 4.1　銀イオン伝導性固体電解質を採用することにより 1950 年前後に試作された全固体電池

電池系	電池電圧	内部抵抗	開発企業
Ag/AgI/V$_2$O$_5$	0.46 V	400 kΩ	National Carbon
Ag/AgBr/CuBr$_2$	0.74 V	40 MΩ	General Electric
Ag/AgBr-Te/CuBr$_2$	0.80 V	10 MΩ	Patterson-Moos Research
Ag/AgCl/KICl$_4$	1.04 V	50 kΩ	Sprague Electric

第 4 章　全固体電池の現状

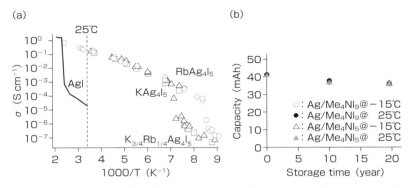

図 4.1　銀イオン伝導性固体電解質のイオン伝導度（a）と、RbAg$_4$I$_5$ を固体電解質とした全固体電池の保存特性（b）

(a) 出典：B. B. Owens, G. R. Argue, High-Conductivity Solid Electrolytes: MAg$_4$I$_5$, *Science*, 157, 308 (1967)[4], with permission from AAAS.

(b) 出典：B. B. Owens, J. R. Bottleberghe, Twenty year storage test of Ag/RbAg$_4$I$_5$/I$_2$ solid state batteries, *Solid State Ionics*, 62, 243 (1993)[6], with permission from Elsevier.

　全固体電池も基本的には Ag/I$_2$ の活物質構成であるが、ヨウ素が室温において蒸気圧が高く、昇華しやすいという問題に対処するために、正極活物質にはテトラメチルアンモニウムと錯体化したヨウ素（Me$_4$NI$_5$ あるいは Me$_4$NI$_9$）が使用されている。図 4.1b にはこの全固体電池を室温（25 °C）ならびに –15 °C で保存した際の残存容量を示した。このように第 4 級アンモニウム塩と錯体化することでヨウ素の蒸気が負極活物質の金属銀と反応し、自己放電を引き起こすという問題を解決したこの全固体電池は、一年間の自己放電率が 0.5 % という極めて自己放電の小さな電池であることが証明されている[6]。

　このように室温におけるイオン伝導性に優れた固体電解質の開発により、全固体電池の内部抵抗は低減し、室温で動作可能なものとなったが、固体電解質の高いイオン伝導性のみでは十分な出力性能を達成するには不足である。例えば、上記の Ag/Me$_4$NI$_n$ 構成の全固体電池は、RbAg$_4$I$_5$ のイオン伝導度が 10^{-1} S cm^{-1} にまで達しているにもかかわらず、出力

電流は 1 mA 台にとどまる[7]。この課題を解決し、出力性能の高い全固体電池とするためには、電極活物質と固体電解質界面で生成する反応物の問題に対処する必要がある。

最初に商用化した蓄電池である鉛蓄電池は溶解/析出型の電極を採用している。鉛蓄電池の充放電反応は放電反応を右向きに書くと、

負極反応：$Pb + H_2SO_4 \leftrightarrow PbSO_4 + 2H^+ + 2e^-$

正極反応：$PbO_2 + H_2SO_4 + 2H^+ + 2e^- \leftrightarrow PbSO_4 + 2H_2O$

であらわされ、放電が進むにつれ正極活物質の PbO_2 の表面と負極活物質の Pb の表面の両方に硫酸鉛（$PbSO_4$）が析出し、充電時には析出した $PbSO_4$ が PbO_2 と Pb に戻る。これは電解質が液体の硫酸水溶液である鉛蓄電池の例ではあるが、電極反応の場である活物質と電解質との接合界面が固固界面である全固体電池でこのような析出反応が生じると、活物質/電解質界面の接合が失われ、充放電の繰り返しにより電池性能は急速に低下する。また界面の剥離までいたらずとも放電反応による生成物が電池性能を低下させることは明白である。上記の正極にテトラメチルアンモニウム–ヨウ素錯体を使用した全固体電池における放電反応は、負極でイオン化した Ag^+ イオンが正極でヨウ素と反応して AgI が生成する反応であり、正極活物質表面がイオン伝導性の低い AgI で覆われることで放電反応の進行にともなって電極抵抗が増加する。このような反応生成物の問題を抱える全固体電池に大きな変革をもたらしたものが、インターカレーション反応の利用[8]である。

物質の溶解/析出に代えて、層状構造を有する遷移金属二硫化物や黒鉛などを電極活物質とし、その結晶層間へのイオンの挿入/脱離によりエネルギー貯蔵を行うというこの概念は、現在のリチウムイオン電池に引き継がれている蓄電池の動作原理でもある。この概念の実証は TiS_2 をインターカレーションホストとして行われた。TiS_2 は稜を共有して結

第4章 全固体電池の現状

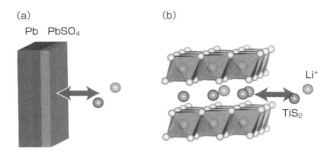

図4.2 鉛蓄電池負極（a）とTiS$_2$正極（b）における電極反応の概念図

合したTiS$_6$八面体が作るTiS$_2$層が積み重なった層状構造を有し、その層間にリチウムイオンをはじめとする様々なカチオンを挿入/脱離することができる。このように結晶格子中へのイオンの挿入/脱離により充放電を行うインターカレーション反応では、溶解/析出型の電極反応とは異なり電極反応を阻害する反応生成物というものが存在しない。さらに、TiS$_2$へのリチウムイオンの挿入/脱離反応では、充放電にともなう体積変化も10%弱に抑えられ、全固体電池における電極活物質/固体電解質界面の性能低下の問題を避けることが可能となる。インターカレーション材料を採用した全固体電池としては、1982年に固体電解質にRb$_4$Cu$_{16}$I$_7$Cl$_{13}$、インターカレーション材料であるTiS$_2$を正極、金属銅を負極としたもの[9]が、さらに1987年には正負極の両方にインターカレーション材料であるシェブレル相化合物（Cu$_x$Mo$_6$S$_8$）を使用した全固体電池[10]が報告されている。

シェブレル相化合物は**図4.3**aに示したようにMo$_6$S$_8$クラスターが三次元的に配列した結晶構造を持つ化合物であり、このクラスター間の空間を様々なカチオンが占めることができる。クラスター間のカチオンがPbであるPbMo$_6$S$_8$は60テスラの極めて高い上部臨界磁場を持つ超電導物質として有名であるが、このカチオンがCuの場合には不定比領域を持ち、Mo$_6$S$_8$に対してCuは0〜4の間で変化することができる。したが

4.1 バルク型電池

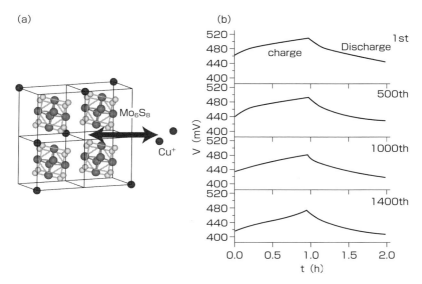

図4.3 シェブレル相化合物におけるインターカレーション反応の概念図（a）とそれを電極反応として採用した全固体電池の充放電特性（b）

(b) 出典：R. Kanno, Y. Takeda, M. Ohya, O. Yamamoto, Rechargeable all solid-state cell with high copper-ion conductor and copper chevrel phase, Mater. Res. Bull., 22, 1283 (1987)[10], with permission from Elsevier.

って、$Cu_2Mo_6S_8$ を正負極の両方に使用した対称型の電池を作製することが可能であり、この全固体電池の電池反応は充電反応を右向きに書くと、

$$\text{正極反応：} Cu_2Mo_6S_8 \leftrightarrow Mo_6S_8 + 2Cu^+ + 2e^-$$
$$\text{負極反応：} Cu_2Mo_6S_8 + 2Cu^+ + 2e^- \leftrightarrow Cu_4Mo_6S_8$$

であらわされる。

インターカレーション電極を正負極の両方に採用したこの全固体電池は、図4.3bに示したように優れたサイクル特性を示すとともに、固体電解質として使用されている $Rb_4Cu_{16}I_7Cl_{13}$[11] も 0.34 S cm^{-1} という高いイオン伝導度を持つこと、電極反応を阻害する反応生成物が生じないこと、

65

第4章　全固体電池の現状

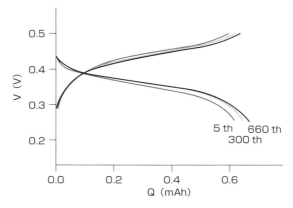

図 4.4　$\delta\text{-Ag}_x\text{V}_2\text{O}_5/\text{AgI-Ag}_2\text{WO}_4/\delta\text{-Ag}_x\text{V}_2\text{O}_5$ 全固体電池の充放電曲線

出典：K. Takada, T. Kanbara, Y. Yamamura, S. Kondo, Rechargeable solid-state batteries with silver ion conductors, *Solid State Ionics*, 40/41, 988 (1990)[13], with permission from Elsevier.

さらにシェブレル相化合物中における銅イオンの拡散が速いことから、出力性能に極めて優れた全固体電池となっている[12]。

正負極に同じインターカレーション型電極活物質を使用した全固体電池は、銀イオンを伝導種とする固体電解質を使用した系でも報告されている[13]。正負極活物質に $\delta\text{-Ag}_x\text{V}_2\text{O}_5$ を用いた全固体電池は、固体電解質として採用した $\text{AgI-Ag}_2\text{WO}_4$ が高い化学的な安定性を持つことから、大気中でも動作可能であることが示されている。

4.1.2　リチウム-ヨウ素電池

銀イオンや銅イオンを伝導種とする固体電解質を採用したバルク型の全固体電池は、固体電解質の伝導度が 1960～1970 年代にかけて $10^{-2}\,\text{S cm}^{-1}$～$10^{-1}\,\text{S cm}^{-1}$ に達したのに加え、インターカレーション電極の概念が提案されたこともあり、1990年までに室温で安定に動作可能なものとなっている。しかしながら、銀や銅のイオン化エネルギーが低

いことからこれらのイオンを伝導種とする固体電解質を採用する限りにおいては高電圧の電池を構成することができず、いずれの全固体電池の起電力も0.5 V以下となっている。高い起電力を示し、エネルギー密度の高い全固体電池を構成するためには、リチウムイオンなどの高いイオン化エネルギーを持つ元素を伝導種とする固体電解質を採用する必要がある。リチウムイオン伝導性の固体電解質の伝導度は1980年頃には10^{-3} S cm^{-1}台に入っており、銀イオン伝導性や銅イオン伝導性の固体電解質に比べると1〜2桁程度低いものの、バルク型全固体電池を構成するために必要な水準に達していたということができる。しかし、その後にリチウム系全固体電池の研究がさほど熱心に行われたとは言い難い。その状況が変化を見せたのは、銀系や銅系の全固体電池において良好な充放電挙動が確認されたことに加え、リチウムイオン電池の量産が開始され、固体電解質の不燃性が全固体電池の長所として大きく取り上げられるようになった影響が大きい。以下では、リチウムイオンを伝導種とする固体電解質を採用した全固体電池の開発経緯を述べていきたいが、その前に、ふれておきたいものがリチウム-ヨウ素電池[14]である。

　この電池が心臓ペースメーカ用の電池として臨床で採用されたのは1972年のことである。有機溶媒電解質を使用するリチウム一次電池であるフッ化黒鉛リチウム電池が世界初のリチウム電池として商品化された

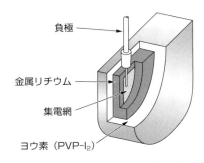

図4.5　心臓ペースメーカ用全固体電池の構造

第４章　全固体電池の現状

のが 1976 年であるから、全固体のリチウム電池が実用化されたのはそれ以前ということになる。この電池の負極活物質は金属リチウムであり、正極活物質はポリ-2-ビニルピリジン-ヨウ素錯体（PVP–I_2）であり、これは銀系固体電池において Ag/I_2 電池におけるヨウ素蒸気の問題に第4級アンモニウム塩との錯体化で対応したものと同じコンセプトである。**図 4.5** にはこの電池の構造を示したが、金属リチウムと PVP–I_2 を張り合わせただけの極めて単純な構造となっており、電解質層が見当たらない。それではこの電池において電解質として作用するものはというと、負極活物質の金属リチウムと正極活物質のヨウ素が接触することにより、

$$Li + \frac{1}{2} I_2 \quad \rightarrow \quad LiI$$

の反応が起こり、接触界面に自動的に形成されるヨウ化リチウムである。

　この全固体電池の出力電流密度は LiI のイオン伝導度が 10^{-7} S cm^{-1} と低いものであるため、1 平方センチメートル当たり数十マイクロアンペアにすぎないが、自己放電が年間 0.2 ％と少なく、さらに仮に固体電解質にピンホールなどが生じて正極と負極が短絡したとしても短絡部分には LiI が自然に発生することから、いわゆる自己修復性を持つことになる。そのうえ構造が単純であることも相まって、この全固体電池は極めて高い信頼性を示し、現在ではすべてのペースメーカで採用されるにいたっている。

4.1.3　硫化物型全固体電池

　リチウムイオン電池を全固体化するための固体電解質としては硫化物系材料、酸化物系材料に加え、最近では水素化物も検討されているが、現在車載用途などに向けた開発が精力的に行われているものが硫化物系固体電解質を採用したものである。

　硫化物イオンが酸化物イオンに比べて大きなアニオンであり、高い分

極率を示すことから、硫化物系材料は酸化物系などに比べて高い伝導度を示す傾向にある[15]。骨格格子を形成するアニオンが大きくなると、それにともなってイオン伝導経路として作用するアニオン間の間隙も広くなり、イオンは動きやすくなる。実際に γ-Li_3PO_4型やNASICON型、さらにはペロブスカイト型構造を持つ酸化物系固体電解質においても、結晶格子サイズとイオン伝導度には明確な関係がみられ、多くの場合格子サイズが大きいほど高い伝導性を示す。また、骨格格子を形成するアニオンの分極率が高くなればなるほど、リチウムイオンに対するアニオン格子からの束縛力が弱まり、リチウムイオンは動きやすくなる。そのため、硫化物系固体電解質では、窒化物に続いて1980年初頭に 10^{-3} S cm^{-1} のイオン伝導度を示すものが見出され、1983年にはそれを用いたバルク型の全固体電池も試作されている[16]。

表4.2はこの研究に始まる硫化物系固体電解質を使用した代表的なバルク型全固体電池を列挙したものであるが、この全固体電池で採用された LiI-Li_2S-P_2S_5 のイオン伝導度が 2×10^{-3} S cm^{-1} であるのに対し、

表4.2 硫化物系固体電解質を採用した全固体電池（論文の報告順）

負極	固体電解質	正極	参考文献
Li-Al	LiI-Li_2S-P_2S_5	$Cu_4O(PO_4)_2$, MnO_2, TiS_2, $Bi_2Pb_2O_5$	16)
Li	LiI-$Li_4P_2S_7$	TiS_2	19)
Li	LiI-$Li2S$-B_2S_3	V_6O_{13}, TiS_2, LiW_3O_9F, a-MoS_3	20)
Li-In	Li_3PO_4-Li_2S-SiS_2	$LiCoO_2$	25)
Li-In	Li_3PO_4-Li_2S-SiS_2	$LiCo_{0.3}Ni_{0.7}O_2$	29)
Li-In	Li_4SiO_4-Li_2S-SiS_2	$LiCoO_2$	30)
Li-In	Li_3BO_3-Li_2S-SiS_2	$LiCoO_2$	31)
C	正極側：Li_3PO_4-Li_2S-SiS_2 負極側：LiI-Li_2S-P_2S_5	$LiCoO_2$	36)
C	Li_2S-P_2S_5 ガラスセラミック	$LiCoO_2$	40)
C	Li_2S-P_2S_5 ガラスセラミック	$Li_4Ti_5O_{12}$ 被覆 $LiCoO_2$	45)

第 4 章　全固体電池の現状

2006 年に報告された全固体電池に採用された Li_2S–P_2S_5 結晶化ガラスの
イオン伝導度は 3.2×10^{-3} S cm^{-1} であり[17]、固体電解質のイオン伝導度
の上昇はこの 20 年の間に 2 倍にも届いていないことになる。2011 年に
硫化物系固体電解質のイオン伝導度は 10^{-2} S cm^{-1} 台に入り[18]、硫化物
系固体電解質を使用した全固体電池の性能は有機溶媒電解質系を凌ぐま
でになったとされているが、それ以前にも硫化物型全固体電池の性能は
確実に向上してきた。その開発の歴史は全固体電池材料に求められる特
質を物語るものでもある。

　10^{-3} S cm^{-1} の伝導度は、リチウムイオン伝導性固体電解質開発の一
つの目標値である。リチウムイオン電池に採用されている有機溶媒電解
質の電気伝導度は 10^{-2} S cm^{-1} 台に入っているが、液体電解質中ではア
ニオンとカチオンの両方が移動するため、液体電解質の電気伝導度はリ
チウムイオンによって運ばれる電荷とアニオンが運ぶ電荷を合算した値
となる。一方で、リチウムイオン電池の動作原理は正負極間におけるリ
チウムイオンの行き来であり、電池動作に関わるものはこの伝導度のう
ちリチウムイオンが荷電担体として作用した部分のみである。したがっ
て、入出力性能の高いリチウムイオン電池とするためには、伝導度のみ
ならず、それに対するリチウムイオンとアニオンの寄与の割合も重要な
パラメーターとなる。しかし、有機溶媒電解質の伝導度におけるリチウ
ムイオンの寄与率（リチウムイオン輸率）は高いものでも 0.5 であり、
通常はそれよりもかなり低い値である[21]。それに対して固体電解質にお
けるリチウムイオン輸率は 1 であるため、固体電解質で 10^{-3} S cm^{-1} 台
のイオン伝導度を達成できれば、10^{-2} S cm^{-1} 台の伝導度を示す有機溶
媒電解質を使用した場合に相当する入出力性能を全固体電池に期待する
ことができる。

　硫化物で 10^{-3} S cm^{-1} のリチウムイオン伝導度が達成され、リチウム
イオン電池が全固体化されるまでの間に行われてきたことは、電気化学
的な安定性の向上である。リチウムイオンのみが拡散種である固体電解

質が、高い耐酸化性、耐還元性を示す特質を備えることは本書で述べてきたことであるが、実際には固体電解質によっては電気化学的安定性に明確な差異が認められる。

1980年代に10^{-3} S cm^{-1}のイオン伝導度が観測された固体電解質は、LiIを含有する硫化物ガラスであった。固体電解質ガラスの基本的な作製法は、ガラス骨格を形成する網目形成成分（glass network former）とガラス骨格にイオン伝導性を付与する網目修飾成分（glass network modifier）を混合し、加熱することで融液状態としたのちに冷却し、固化するというものである。硫化物ガラスの場合の網目形成成分はP_2S_5[22]、B_2S_3[23]、SiS_2[24]などであり、ガラスにリチウムイオン伝導性を付与するための網目修飾成分としてはLi$_2$Sが使用される。これらの組み合わせで得られる固体電解質の伝導度は10^{-4} S cm^{-1}にとどまるが、LiIを加えるとイオン半径が大きく分極率の高いヨウ化物イオンの導入によりイオン伝導度を向上させることが可能であり、0.67Li$_2$S-0.33P$_2$S$_5$ガラスの場合、xLiI-$(1-x)$[0.67Li$_2$S-0.33P$_2$S$_5$]の組成において$x=0.45$でイオン伝導度は

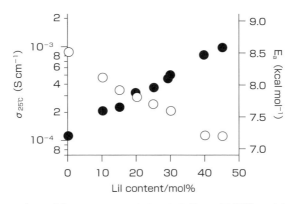

図4.6　xLiI-$(1-x)$[0.67Li$_2$S-0.33P$_2$S$_5$]ガラス電解質のイオン伝導度

出典：R. Mercier, J. -P. Malugani, B. Fahys, G. Robert, Superionic conduction in Li$_2$S-P$_2$S$_5$-LiI-glasses, *Solid State Ionics*, 5, 663 (1981)[22], with permission from Elsevier.

第4章　全固体電池の現状

10^{-3} S cm^{-1} に到達する[22]。

　このような傾向はほかの網目形成成分についても同様であり、網目形成成分が B_2S_3 や SiS_2 の場合も Li_2S と擬二元系のガラスを形成した場合のイオン伝導度は 10^{-4} S cm^{-1} であり、10^{-3} S cm^{-1} 台のイオン伝導度は LiI を加えることではじめて達成される。このようにイオン伝導性向上に有効な LiI ではあるが、前述の心臓ペースメーカ用のリチウム-ヨウ素電池の起電力が 2.8 V であることからも明らかなように、LiI の熱力学的に安定な電位領域は金属リチウム電極基準で 2.8 V に限られている。

　本章のはじめでは、インターカレーション材料を電極活物質として採用する概念が全固体電池の実現に大きな役割を果たしたことを述べたが、これらの硫化物系ガラスが開発された 1980 年代のインターカレーション材料は TiS_2 をはじめとする遷移金属硫化物を中心としたもので、その電極電位も金属リチウム電極基準で 3 V 以下のものであった。このようなインターカレーション正極と組み合わせる場合には、ヨウ化物イオンを含有した固体電解質の耐酸化性でも十分であるが、リチウムイオン電池のエネルギー密度の源である高い起電力を達成するために採用されている 4 V 級正極に対しては、適合性を欠くものであった。

　4 V 正極に対する適合性を確保するために、LiI に代わり硫化物ガラスのイオン伝導性を 10^{-3} S cm^{-1} にまで高めることのできる添加剤として見出されたものが Li_3PO_4 である。双ローラー急冷法により作製される Li_2S-SiS_2 ガラスに少量の Li_3PO_4 を加えるとイオン伝導度は 1.5×10^{-3} S cm^{-1} に達することが見出された[25]。バルク型全固体電池の諸特性がはじめて報告されたのは、ヨウ化物を取り除いたことでバルク型の全固体電池において $LiCoO_2$ を正極活物質とすることを可能としたこの電池である[26],[27]。負極活物質としてインジウムとリチウムの合金を採用したこの全固体電池は、固体電解質系特有の優れた信頼性を示し、**図 4.7** に示したように 120 回の充放電の繰り返しに対する容量低下はほとんどなく、また 0 ℃～60 ℃ の温度で 60 日間保存した保存試験において

72

も自己放電や内部抵抗の増加はほとんど認められない。

オルト酸塩の添加によるイオン伝導性向上効果は、図4.8に示したようにLi_3PO_4以外にもLi_4SiO_4やLi_3BO_3などでも同様に確認されている[28]。これら一連の酸硫化物ガラス中においても$LiCoO_2$をはじめとする4V正極が安定に作動することが確認され[29)-31)]、4V正極と黒鉛負極を組み合わせるリチウムイオン電池構成の全固体電池実現への第一歩が踏み出された。以上のように4V正極との適合性を確保するために着目すべきものは固体電解質中のアニオンであったが、一方の黒鉛負極との適合性に大きな影響を与えるものはカチオンである。

イオン伝導性の硫化物ガラスの網目形成成分としてはP_2S_5、B_2S_3、

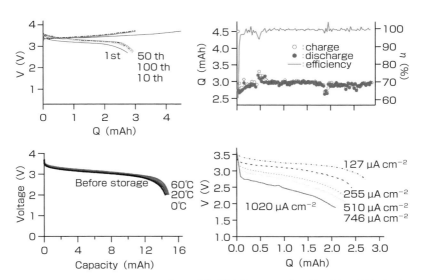

図4.7　Li_3PO_4-Li_2S-SiS_2ガラス電解質を使用した全固体電池の特性（正極活物質：$LiCoO_2$、負極活物質：In-Li合金）

出典：岩本和也，藤野信，高田和典，近藤繁雄，無機固体電解質を用いたコイン型全固体リチウム二次電池の作動特性，電気化学，65，753（1997）[27]

出典：K. Takada, N. Aotani, K. Iwamoto, S. Kondo, Solid state lithium battery with oxysulfide glass, *Solid State Ionics*, 86-88, 877 (1996), with permission from Elsevier.

SiS$_2$ などが報告されていたが、図 4.8 で示したように、酸素酸塩の添加により 10^{-3} S cm^{-1} のイオン伝導度を達成した固体電解質ガラスは SiS$_2$ を網目形成成分としたものである。

　ガラス骨格を形成する網目形成成分とイオン伝導性を付与する網目修飾成分から作製されるイオン伝導性ガラスは、一般的に網目修飾成分の含有量が高ければ高いほど高いイオン伝導度を示す。しかしながら一方で、網目形成成分の含有率が低下するとガラス化が困難となり、ある組成域を超えると合成した固体電解質には結晶質が混在することにより伝導率は逆に低下する。ガラス化領域を拡大し、このジレンマを解消する方法の一つはガラス作製時の冷却速度を上げることであり、極めて高い

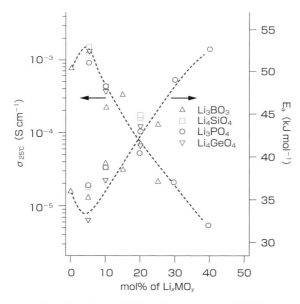

図 4.8　オキシ硫化物ガラスのイオン伝導度

出典：M. Tatsumisago, K. Hirai, T. Hirata, M. Takahashi, T. Minami, Structure and properties of lithium ion conducting oxysulfide glasses prepared by rapid quenching, *Solid State Ionics*, 86-88, 487 (1996)[28], with permission from Elsevier.

冷却速度を示す冷却法として固体電解質合成に採用されたものが双ローラー法である[32]。

固体電解質ガラスの原料を高温で溶融状態とし、この融液を双ローラーの間に通すと、ローラーに急速に熱を奪われる。その際の冷却速度は毎秒10万度にもおよぶと言われており、通常の冷却法では結晶質が残存するような組成、すなわち高いイオン伝導を達成するために必要な高い網目修飾成分含有領域でもガラス化が可能となる。

硫化物系固体電解質はいずれも大気中の酸素や水蒸気と反応する化学的に不安定な物質であり、不活性雰囲気で合成する必要がある。それに加えてP_2S_5やB_2S_3は高温下での蒸気圧が高い物質であり、これらをガラス骨格形成成分とした固体電解質ガラスは密閉系で合成を行う必要がある。そのため、開放系に取り出す必要のある双ローラー急冷法ではP_2S_5やB_2S_3が蒸発してしまい、固体電解質ガラスを合成することが極めて困難なものとなる。それに対してSiS_2は高温でも蒸気圧が低く、不活性雰囲気であれば開放系で合成が可能である。そのために、ガラス網目形成成分がSiS_2の場合には双ローラー急冷法を適用することで網目修飾成分含有量の高い組成でもガラス化が可能であり、$0.6Li_2S-0.4SiS_2$の組成で5×10^{-4} S cm^{-1}にまでイオン伝導度を高めることができる[33]。酸硫化物ガラスではじめて10^{-3} S cm^{-1}のイオン伝導度を達成した$Li_3PO_4-Li_2S-SiS_2$ガラスは、さらに$0.64Li_2S-0.36SiS_2$の組成にまで擬二元系ガラスにおける網目修飾成分の比率を高めたうえで、微量のLi_3PO_4を添加することでこのイオン伝導度を達成している。

しかしながらSiS_2を骨格形成成分とした固体電解質ガラスの問題点は、耐還元性に乏しいことである。SiS_2系固体電解質中における黒鉛電極の充放電挙動を調べると、図 4.9a に示したように、還元後の酸化過程で現れる電気量は、還元電気量の半分にも満たない。この現象は一見すると黒鉛層間へ挿入されたリチウムイオンが脱離していないことを示しているようにも見えるが、還元過程を見てみると、黒鉛電極の理論容量密度

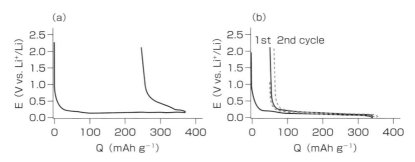

図4.9 Li$_3$PO$_4$–Li$_2$S–SiS$_2$ガラス（a）ならびにLiI–Li$_2$S–P$_2$S$_5$ガラス（b）中における黒鉛電極の充放電挙動

出典：K. Takada, S. Nakano, T. Inada, A. Kajiyama, H. Sasaki, S. Kondo, M. Watanabe, Compatibility of lithium ion conductive sulfide glass with carbon-lithium electrode, *J. Electrochem. Soc.*, 150 (3), A274 (2003)[34], with permission from ECS.

である372 mAh g^{-1}の電気量までの還元においても電極電位は0 Vには達してない。さらに、この時点における黒鉛負極と固体電解質の構造を調べてみると、インターカレーション反応にともなうはずの層間距離の増大は生じておらず、それに代わって固体電解質の明確な変化が認められる[34]。

これらの結果は、SiS$_2$を網目形成成分とした固体電解質ガラス中で黒鉛負極を還元すると、黒鉛への還元的なリチウムインターカレーション反応は生じず、固体電解質ガラス中のケイ素が単体Si、さらにはリチウム–ケイ素合金にまで還元されることを示している。固体電解質が広い電位窓、すなわち高い電気化学的な安定性を示すのは、電極表面への反応種の供給がないためであるが、この還元反応における反応生成物はリチウム–ケイ素合金である。この合金が金属伝導を示すために、この生成物が新たな電極として作用し、その表面で固体電解質の還元分解が起こることになる。すなわち、還元される反応種であるシリコンが負極表面に供給されることはないものの、還元反応の場である電極のほうが成長し、新たな反応場を提供し続けていくことで固体電解質の還元分解が

4.1　バルク型電池

継続するということになる。

　したがって、黒鉛負極を採用するためには、SiS_2以外を網目形成成分とする固体電解質ガラスを採用すればよいことになる。実際に、図4.9bに示したように $LiI-Li_2S-P_2S_5$ 系ガラスを使用すると黒鉛負極は有機溶媒電解質中と同様の充放電挙動を示し、黒鉛へのリチウムイオンの挿入脱離が円滑に行われていることがわかる。しかしながら、双ローラーを使用して急冷速度を上げることのできない P_2S_5 系ガラスの場合、ヨウ化リチウムを添加しない状態でのイオン伝導度は $1 \times 10^{-4}\,S\,cm^{-1}$ 前後にとどまる。ヨウ化物イオンを含まず、4V正極に対する適合性を示し、かつ $10^{-3}\,S\,cm^{-1}$ 台のイオン伝導を示す固体電解質としては、その後チオリシコン（thio-LISICON）[35]と名付けられた一群の硫化物が開発されたが、その中で最も高いイオン伝導度が観測された組成が $Li_{3.25}Ge_{0.25}P_{0.75}S_4$ であるように、これらも Si と同様に還元されやすい4族元素である Ge を含む化合物であり、黒鉛負極との適合性を示さない。これら固体電解質と電極活物質の適合性に基づく制限の中で $LiCoO_2$ 正極と黒鉛負極の組み合わせを実現したものが、2種類の固体電解質を採用した全固体電池である[36]。

　この電池では、$LiCoO_2$ に対する適合性を持つ $Li_3PO_4-Li_2S-SiS_2$ あるいは $Li_{3.25}Ge_{0.25}P_{0.75}S_4$ を正極側に、黒鉛に対する適合性を持つ $LiI-Li_2S-P_2S_5$ を負極側に選択することで、$10^{-3}\,S\,cm^{-1}$ のイオン伝導性をもつ固体電解質のみを使いながらも $LiCoO_2$ 正極と黒鉛負極の組み合わせを実現している。図4.10には正極側の電解質として $Li_{3.25}Ge_{0.25}P_{0.75}S_4$、負極側の電解質として $LiI-Li_2S-P_2S_5$ を使用した全固体電池の構造と特性を示したが、正極は $LiCoO_2$ と $Li_{3.25}Ge_{0.25}P_{0.75}S_4$ の混合物、負極は黒鉛と $LiI-Li_2S-P_2S_5$ の混合物の複合電極であり、セパレータとして作用する部分には $Li_{3.25}Ge_{0.25}P_{0.75}S_4$ と $LiI-Li_2S-P_2S_5$ の二層構造になっている。この電池におけるエネルギー密度は、複合電極の体積、重量当たりで $390\,Wh\,L^{-1}$、$160\,Wh\,kg^{-1}$ となっている。もちろん、電池のエネルギー密度にはセパ

第4章 全固体電池の現状

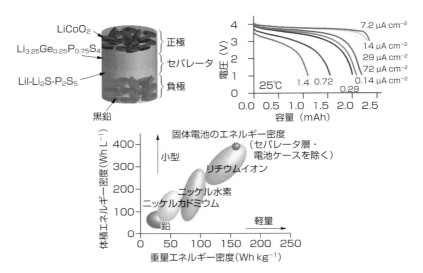

図4.10 2種類の硫化物系固体電解質を使用した全固体電池とその特性

出典：K. Takada, T. Inada, A. Kajiyama, H. Sasaki, S. Kondo, M. Watanabe, M. Murayama, R. Kanno, Solid-state lithium battery with graphite anode, *Solid State Ionics*, 158, 269 (2003)[36], with permission from Elsevier.

レータ層や電池ケースの体積や重量も算入する必要があるために、実際の電池のエネルギー密度はこれよりも低い値となる。特に二層構造のセパレータ層は体積・重量とも一層構造の2倍となる。この問題を解消した固体電解質が$Li_2S-P_2S_5$結晶化ガラス[37]である。

SiS_2系固体電解質ガラスがヨウ化リチウムを含まない状態においても10^{-3} S cm^{-1}のイオン伝導成分を示すことができるのは、急冷速度を上げることで高い網目修飾成分でのガラス化が可能であるからである。それに対して、高温での蒸気圧が高く、密閉系での合成を必要とすることから双ローラー急冷法を採用することのできないP_2S_5系やB_2S_3系ではそこまでの高い網目修飾成分でのガラス化が不可能であり、高いイオン伝導が期待される網目修飾成分含有量では結晶質の析出が起こる。このように結晶質の析出は、通常イオン伝導性ガラスの伝導度低下を引き起

4.1　バルク型電池

こすものであるが、逆にイオン伝導性を向上させることもある。α-AgI は 10 S cm^{-1} もの高いイオン伝導度を示す、高速イオン伝導が室温近辺で初めて観測された物質であるが、147 ℃ 以下では β 相に構造相転移し、伝導度は 10^{-5} S cm^{-1} にまで低下する。ところが AgI-Ag$_3$BO$_3$ ガラスの組成や冷却速度を選択するとガラス中に室温まで α 相が凍結され、10^{-1} S cm^{-1} の伝導度を示す固体電解質を得ることができる[38]。このようにガラス中に高いイオン伝導度を示す結晶相が現れる現象は、リチウムイオン伝導性のガラスにも見られる。

　Li$_2$S-P$_2$S$_5$ ガラスのイオン伝導度は 70Li$_2$S-30P$_2$S$_5$ の組成で 5.4×10^{-5} S cm^{-1} であるが、これを 240 ℃ で 2 時間加熱することで結晶化すると Li$_7$P$_3$S$_{11}$ が結晶相として析出し[39]、伝導度は 3.2×10^{-3} S cm^{-1} にまで向上する。この結晶相は準安定的なものであり、結晶化温度を 700 ℃ で 8 時間加熱することにより合成した安定な結晶質の固体電解質のイオン伝導度は 2.6×10^{-8} S cm^{-1} にとどまる。準安定な結晶相を析出させることにより 10^{-3} S cm^{-1} のイオン伝導度を達成したこの固体電解質は、耐酸化性を低下させるヨウ化物イオンも耐還元性を低下させる 4 族元素も含まないことから、高電位正極と低電位負極の使用が同時に可能となり、リチウムイオン電池で採用されている LiCoO$_2$ 正極と黒鉛負極を組み合わせた全固体電池の報告[40]につながっている。

　P$_2$S$_5$ が高温で高い蒸気圧を示すため、結晶化前のガラス作製には密閉系での合成が必須であることは先に述べたとおりであり、その問題点は冷却速度を上げることができないことから高いイオン伝導度を発現するために必要な高い網目修飾成分でのガラス化が困難となることである。結晶化ガラスの合成時にも高い網目修飾成分の Li$_2$S-P$_2$S$_5$ ガラスの合成が必要な場合もあるが、この問題を大きく低減できるガラス合成法として提案されたものがメカニカルミリング法[41]である。溶融急冷法によるガラス合成では、原材料の混合物を加熱し、組成が均一となった融液を急冷することでガラス状態とするが、メカニカルミリング法では高エネ

79

ルギーのボールミルなどで機械的なエネルギーを加えることにより組成の均一化と非晶質化を常温・常圧で達成している。

4.1.4 硫化物型全固体電池における正極界面

上記のように電気化学的安定性に優れた固体電解質を開発することで、硫化物系固体電解質を使用した全固体電池においても LiCoO₂ 正極と黒鉛負極の組み合わせが可能となり、全固体電池の理論エネルギー密度は有機溶媒電解質を使用するリチウムイオン電池と同等なものとなった。しかしながら、**図 4.11** に示したようにその出力電流は 1 mA cm^{-2} 程度であり、有機溶媒電解質を使用するリチウムイオン電池の出力性能に遠く及ばないものであった。

硫化物系固体電解質中で黒鉛負極と LiCoO₂ 正極の出力性能を調べると、**図 4.12** に示すように黒鉛負極は比較的良好な出力性能を示し、放電電流密度の増加にともなう放電容量の低下がほとんど認められないのに対して、LiCoO₂ 正極では顕著な放電容量の低下が観測される。LiCoO₂

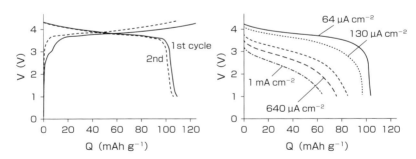

図 4.11 70Li₂S-30P₂S₅ 結晶化ガラスを用いた全固体電池の充放電特性ならびに出力特性

出典：Y. Seino, K. Takada, B.-C. Kim, L. Zhang, N. Ohta, H. Wada, M. Osada, T. Sasaki, Synthesis of phosphorous sulfide solid electrolyte and all-solid-state lithium batteries with graphite electrode, *Solid State Ionics*, 176, 2389 (2005)[40], with permission from Elsevier.

はリチウムイオン電池の正極材料として使用されてきた物質であり、当然のことながらこの容量低下は LiCoO₂ 内におけるリチウムイオン拡散が放電電流に追随できないことにより生じたものではない。また、ここで使用された固体電解質（Li₂S-P₂S₅ 結晶化ガラス）も 10^{-3} S cm^{-1} 台のイオン伝導度を持つ電解質である。したがって、硫化物系固体電解質中において LiCoO₂ 正極の出力性能を低下させている反応律速段階は、材料のバルク中ではなく、硫化物系固体電解質と LiCoO₂ 正極の界面にあるということになる。

硫化物系固体電解質と LiCoO₂ の界面に発生するこの高い界面抵抗の起源にはいくつかの説が提案されており、現在も議論の段階である。例えば、LiCoO₂ と硫化物系固体電解質の接触界面に対して行われた電子顕微鏡観察の結果では、双方の間で元素の相互拡散が生じていることが示されており、この相互拡散により形成される反応層が高い界面抵抗の原因であるとする機構が提唱されている[42]。また、正極活物質の高い酸化力により固体電解質が酸化分解を受け、その結果界面に高抵抗な分解

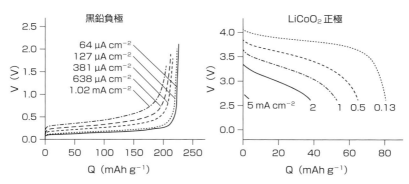

図 4.12 Li₂S-P₂S₅ 結晶化ガラス中における黒鉛負極と LiCoO₂ 正極の出力特性

出典：K. Takada, N. Ohta, L. Zhang, K. Fukuda, I. Sakaguchi, R. Ma, M. Osada, T. Sasaki, Interfacial modification for high-power solid-state lithium batteries, *Solid State Ionics*, 179, 1333 (2008), with permission from Elsevier.

第4章　全固体電池の現状

生成物の層が形成されるという説[43]も有力視されている。

　液体電解質と固体電解質の違いを単純に記述すると、固体電解質は物質を形作る不動の骨格格子とその間を動き回る可動イオンから構成されている。すなわち液体電解質では、リチウムイオンの格子もアニオンの格子も液体状態にあるのに対し、固体電解質の場合には骨格を作る副格子は固体状態であるのに対し、リチウムイオンが作る副格子に着目すると、それは液体状態であるということになる。この違いが固体電解質に高い電気化学的な安定性を付与しているわけであるが、固体状態の副格子といえども、元素が完全に止まっているわけではない。セラミック材料を固相法で合成する際には、出発物質を混合した混合物を加熱し、元素の拡散を促すことで目的とする材料を得る。加熱温度が低いと拡散速度が遅く、合成にかかる時間が長くなるが、目的とする材料がその温度における安定相である限り、その材料を得ることができる。さらに温度を下げていき室温に達した場合も、元素はわずかながら拡散し、遅々としてではあるが反応は進行しているはずである。同様に、固体電解質においても元素の相互拡散や酸化分解が起こることはありうるが、それらの進行速度は物質に大きく依存すると考えられる。このように物質に固有の現象を取り扱うことは本書の範疇を超えるものであるが、それに対して室温におけるリチウムイオンの拡散は固体電解質が普遍的に備える特質である。この特質のみで正極界面が高抵抗になりうるとする説明は、「ナノイオニクス」[44]と呼ばれる現象をもとにしたものである。

　イオン伝導体は、その表面や異種の物質との接合界面でバルクとは異なったイオン伝導挙動を示すことがあり、このような特異なイオン伝導現象はヨウ化リチウムとアルミナの複合体ではじめて報告された。ヨウ化リチウムは先に述べたように心臓ペースメーカ用電池で使われている固体電解質であるが、そのイオン伝導度は 10^{-7} S cm^{-1} にすぎない。ところがアルミナの微粒子を混合し、LiI に Al$_2$O$_3$ が分散した複合体としていくと、Al$_2$O$_3$ が絶縁体であるにもかかわらず**図 4.13** に示したようにイ

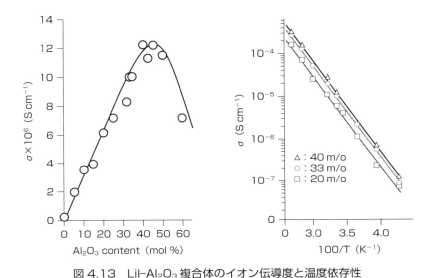

図4.13 LiI-Al$_2$O$_3$複合体のイオン伝導度と温度依存性

出典：C. C. Liang, Conduction characteristics of the lithium iodide–aluminum oxide solid electrolytes, *J. Electrochem. Soc.*, 120, 1289 (1973), with permission from ECS.

オン伝導度は約2桁向上し、10^{-5} S cm^{-1}台にまで達する。この現象は、LiIがAl$_2$O$_3$に接触した界面部分に高いイオン伝導性を示す層が形成されることによるものと説明されており、同様の現象はCuI-Al$_2$O$_3$やAgCl-Al$_2$O$_3$、AgCl-SiO$_2$などの様々な固体電解質-絶縁体複合体、さらには異種のイオン伝導体が接触した界面においても観測されている。その一例がフッ化バリウム（BaF$_2$）とフッ化カルシウム（CaF$_2$）の交互積層体である。

BaF$_2$もCaF$_2$も蛍石型の結晶構造を有し、フッ化物イオン（F$^-$イオン）が伝導する固体電解質であり、両相においてF$^-$イオンは当然のことながら異なった電気化学ポテンシャルを持つ。フッ化物イオンが伝導性を示すために、両者が接触して界面を形成するとこの2相の間で電気化学ポテンシャルの違いを解消する方向にF$^-$イオンの移動が起こる。

具体的には、BaF_2 におけるフッ化物イオンの最近接イオンは Ba^{2+} イオン、CaF_2 においては Ca^{2+} イオンであり、F^- イオンとの間に働く静電的な引力は Ba^{2+} イオンに比べて Ca^{2+} イオンのほうが強いため、BaF_2 と CaF_2 が接触すると図 4.14a に示したように BaF_2 側の F^- イオンの一部が CaF_2 側に移動する。この移動は両相における F^- イオンの電気化学ポテンシャルが等しくなるまで続き、平衡状態に達した界面の BaF_2 側にはイオン空孔が、CaF_2 側には格子間イオンが生成する。BaF_2 も CaF_2 もイオン空孔や格子間イオンを持たない化学量論組成の化合物であるが、両相が接触した界面では生成したイオン空孔や格子間イオンがイオン伝導に寄与するために、BaF_2 あるいは CaF_2 のいずれのバルクに比べても高いイオン伝導性を示すようになる。実際に分子線エピタキシー（MBE）法により BaF_2 と CaF_2 の薄膜を交互に堆積した積層体を形成し、

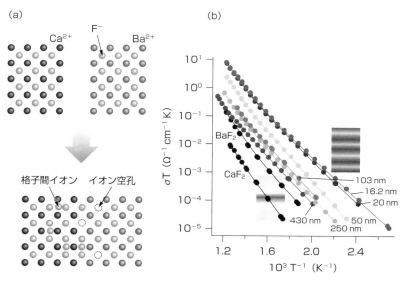

図 4.14　CaF_2/BaF_2 界面におけるナノイオニクス現象

(b) 出典：N. Sata, K. Eberman, K. Eberl, J. Maier, Mesoscopic fast ion conduction in nanometre-scale planar heterostructures, *Nature*, 408, 946 (2000), with permission from Springer Nature.

4.1 バルク型電池

各層の厚みを減じることで積層体中における界面の密度を上げていくと、界面において高められたイオン伝導度を測定することが可能となり、図4.14b に示したように各層の厚みを 16 nm にまで減じた際に交互積層膜が示すイオン伝導度は、BaF$_2$ と CaF$_2$ が本来示す伝導度よりも 2 桁以上高いものとなる。

このような界面における荷電担体の濃度変化は半導体のp–n接合やショットキー接合などにおいても生じる現象であり、このようにイオン伝導体の表面や界面でイオン濃度が変化した層も、半導体における接合界面において生じるものと同様に空間電荷層（space–charge layer）と呼ばれている。超イオン伝導体における空間電荷層の厚さは数ナノメートルと見積もられていることから、このような表界面における特異なイオン伝導現象はナノイオニクスと呼ばれている。以上のようにナノイオニクス現象の本質は、界面を形成することによる可動イオン濃度の変化である。したがって、正極活物質との接合界面における特異なイオン輸送挙動、すなわち大きな界面抵抗の発生機構を論じるためには、正極界面におけるイオン濃度の変化を知る必要がある。

電極表面のイオン濃度を与えるものにネルンスト式がある。電極表面に酸化体（Ox^{m+}）と還元体（Red$^{(m-z)+}$）が、Ox^{m+} + ze^- ↔ Red$^{(m-z)+}$であらわされる平衡状態にあるとき、電極電位（E）と酸化体と還元体の活量の比（a_{Ox}/a_{Red}）の関係は、標準電極電位（E^0）、ボルツマン定数（R）、絶対温度（T）、ファラデー定数（F）を用いて

$$E = E^0 + \frac{RT}{zF} \ln \frac{a_{Ox}}{a_{Red}}$$

であらわされる。すなわち、高電位を示す正極表面では酸化体の活量は増加し、還元体の活量は減少する。活量は活量係数を通じて濃度と密接に結び付いているため、このことは高電位を示す正極表面では酸化体の濃度が上がり、還元体の濃度が下がるととらえることができる。ところ

85

が、固体電解質中で拡散することができるものはリチウムイオンのみであり、濃度変化を起こすことができるものもリチウムイオンに限られる。電気的中性条件を満たすためには、電子を引き抜く酸化反応はリチウムイオンの脱離をともない、電子を注入する還元反応はリチウムイオンの挿入をともなうはずである。したがって、固体電解質中における酸化体と還元体とはリチウムイオンの非占有サイトと占有サイトを意味することになる。つまり、高電位を示す正極表面では非占有サイトが増え、占有サイトが減る、すなわちリチウムイオンの濃度が低下することになる。特に固体電解質が硫化物の場合には、リチウムイオンがアニオン格子に緩やかに束縛されているため、高電位が印加されることによる濃度低下は極めて顕著なものとなり、図 4.15a に示したように硫化物系固体電解質が正極活物質に接触した界面ではリチウムイオンの欠乏が生じる。つまり、高電位正極と硫化物系固体電解質界面に形成される空間電荷層は、リチウムイオンの欠乏層の形をとって現れ、荷電担体であるリチウムイオンが欠乏したこの空間電荷層は当然のことながら高抵抗なものとなる。言い換えれば、骨格格子を形成するアニオンの分極率が高くリチウムイオンに対する束縛力が弱いことが、硫化物系固体電解質が高いイオン伝

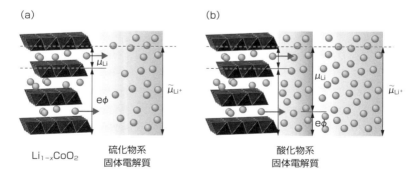

図 4.15　Li$_{1-x}$CoO$_2$/硫化物系固体電解質界面におけるイオン分布の模式図（a）と酸化物系固体電解質緩衝層介在によるリチウムイオン欠乏層形成の抑制（b）

4.1 バルク型電池

導度を示す理由の一つであるが、高電位を示す正極との接合界面ではこの弱い束縛力のためにリチウムイオンの欠乏を引き起こし、高い界面抵抗を引き起こしていると言うことができる。

　正極の高電位が界面の電解質側のリチウムイオンの欠乏を引き起こし、界面を高抵抗なものとするのであれば、界面抵抗を低減するための方策は、硫化物系固体電解質を正極の高電位から遮蔽することである。すなわち図4.15bに示したように、この界面に電子絶縁性材料の薄層を介在させると、硫化物系固体電解質は正極の高電位にさらされることがなくなり、界面におけるリチウムイオンの欠乏と界面の高抵抗化を抑制することができるはずである。もちろんのこと、電池の充放電時にはリチウムイオンがこの薄層を通り抜ける必要があるため、この薄層はリチウムイオンの伝導性を持たなければならない。したがって、このリチウムイオンの欠乏に対する緩衝作用を発揮する薄層は、電子に対しては絶縁性、イオンに対しては導電性でなければならない。すなわちこの緩衝層もまた固体電解質であるということになるが、それが硫化物であった場合には正極活物質の高電位により緩衝層中のリチウムイオンが欠乏することは、先に述べたとおりである。したがって、この緩衝層材料に求められるもう一つの要件は、骨格格子を作るアニオンがリチウムイオンに対する高い束縛力を示すこと、例えばリチウムイオンに対する静電的な引力の強い酸化物イオンによって構成される骨格格子を持つものということになる。したがって、酸化物系固体電解質の薄層をこの界面に介在させると、この薄層はリチウムイオン欠乏層形成に対する緩衝効果を発揮し、界面の高抵抗化を抑制することができるということになる。

　全固体電池の電極は多くの場合、電極活物質粉末と固体電解質粉末を混合した複合電極である。電解質が液体の場合には電極を構成する活物質粒子の間隙に電解質が浸入し、活物質粒子表面全体が電気化学反応界面として作用するのに対し、固体電解質ではこのような電解質の浸入が期待できない。したがって、人為的に活物質と電解質を混合することで

87

第4章 全固体電池の現状

接触面積の拡大を図るわけである。このような混合状態において、活物質と硫化物系固体電解質の間に酸化物系固体電解質を介在させるためには、活物質粒子表面あるいは硫化物系固体電解質粒子の表面を酸化物系固体電解質の薄層で被覆すればよい。実際には化学的な安定性の高い活物質粒子の表面に緩衝層を設けることになるのであるが、以下ではその一例として転動流動層コーティング法を用いた $LiCoO_2$ 粒子表面への $Li_4Ti_5O_{12}$ 被覆を紹介したい。

転動流動層コーティング法は粒子表面に被覆層を設けるためのスプレーコーティング法の一種であり、ガス流により粉末を流動させた状態で被覆層を形成するための前駆体となる材料の溶液を噴霧する方法である。図 4.16 で示した表面被覆の場合は、前駆体溶液としてリチウムエトキ

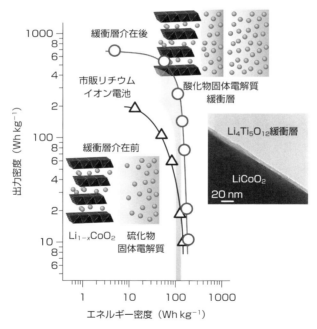

図 4.16 正極表面への緩衝層形成による全固体電池の出力性能向上

シドとチタンテトライソプロポキシドのエタノール溶液を用い、流動状態の $LiCoO_2$ 粉末にこの前駆体溶液を噴霧することで粒子表面にこれらリチウムとチタンを含むアルコキシドの層を形成し、そののちに 400 °C の熱処理によりアルコキシドを分解し $Li_4Ti_5O_{12}$ の薄層としている。挿入図の電子顕微鏡像にみられるように $LiCoO_2$ 粒子表面に酸化物系固体電解質として働く $Li_4Ti_5O_{12}$ の薄層を 5 nm 程度の厚さで形成すると、この薄層は界面におけるリチウムイオン欠乏に対する緩衝層として作用し、全固体電池の出力性能は市販のリチウムイオン電池に匹敵するものとなる[45]。

4.1.5　界面研究における計算科学の役割

　硫化物系材料では高いイオン伝導度を示す固体電解質が次々と見出され、その最高値が 10^{-2} S cm^{-1} を超えるとともに、電池出力を制限してきた正極界面の抵抗を低減する界面構造が明らかとなったことで、硫化物型全固体電池の出力性能は、今や液体の有機溶媒電解質を用いたリチウムイオン電池を凌駕するにいたったとされている。このように全固体電池の性能に極めて重要な影響を及ぼす空間電荷層であるが、その詳細を調べることには極めて大きな困難がともなう。

　空間電荷層は可動イオンであるリチウムイオンの濃度が変化した層であるため、その存在を確認するためにはリチウムイオンの濃度変化を測定することになるが、リチウムイオンは 2 個の電子しか持たない検出の難しい軽元素である。しかも、空間電荷層は先端の分析手法をもってしても観測が困難な固体中に形成されており、その領域も超イオン伝導体における空間電荷層の厚みとして見積もられている、数ナノメートルの厚さに限られている。これらの理由によりリチウムイオンの欠乏層を分析的手法により直接観察した例は見当たらないが、その空間電荷層も最近では計算科学の中でその姿を現そうとしている。

第４章　全固体電池の現状

　計算科学において、電池のように電荷移動や物質移動が複雑に絡み合う系が扱われることはこれまで多くはなかったが、蓄電池研究の重要性が高まり、計算機の能力が向上するにつれて、蓄電池材料の研究でも計算科学による研究が高い頻度で見られるようになってきた。本書の趣旨とは少し離れることになるが、最近の電池材料の研究において有効なツールとみなされるようになってきた計算科学の一例として、この界面において欠乏層の存在を可視化した例を紹介したい。

　正極界面におけるリチウムイオンの欠乏層は、電極電位が高い状態、すなわち充電状態で起こる現象である。したがって、充電状態の正極と硫化物系固体電解質を接触させたモデルを作製し、その安定構造にリチウムイオンの欠乏層が現れることを示せばよい。安定構造の計算には、最近では第一原理計算が頻繁に採用されるが、全固体系の場合はそれだけでは十分ではないことが多い。本書は代表的な固体電解質の合成例として $Li_{10}GeP_2S_{12}$ の合成法を紹介しているが、それは Li_2S、GeS_2、P_2S_5 を化学量論比で混合し、数百度で加熱するというものである。これはもちろん、Li_2S、GeS_2、P_2S_5 の混合物より $Li_{10}GeP_2S_{12}$ となったほうが安定であるからに他ならないが、Li_2S、GeS_2、P_2S_5 の混合物を室温で放置しておいても $Li_{10}GeP_2S_{12}$ が生成することはなく、温度を上げて元素の拡散を促す必要がある。硫化物系固体電解質を使用した全固体電池も、通常は室温のプロセスで作製され、動作するため、リチウム以外の元素拡散は極めて遅い。したがって、単に最も安定な構造を計算するのではなく、その構造を作るための元素移動が室温で起こりうるかどうかまでを調べなければならない。そのような安定構造を見つけ出すために以下の計算で採用された方法は、第一原理分子動力学計算である。

　図 4.17 の左上で示した界面のモデルは、高電位を示す状態の正極として $LiFePO_4$ の完全充電状態である $FePO_4$ と、代表的な硫化物系固体電解質の一つである Li_3PS_4 を接合したものである。もちろんこの構造は不安定であり、第一原理分子動力学計算を行うと安定な構造を求めて各

90

4.1 バルク型電池

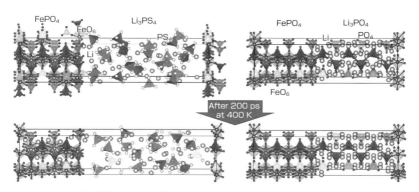

図 4.17 計算科学により描き出された Li$_{1-x}$FePO$_4$/Li$_3$PS$_4$ ならびに Li$_{1-x}$FePO$_4$/Li$_3$PO$_4$ 界面付近のリチウムイオン分布

出典：K. Takada, T. Ohno, Experimental and computational approaches to interfacial resistance in solid-state batteries, *Front. Energy Res.*, (2016). https://doi.org/10.3389/fenrg.2016.00010

原子が拡散するようになる。400 K の温度での各原子の動きを計算し、ほぼ安定になった 200 ピコ秒後の構造を見てみると、図 4.17 の左下に示したように Li$_3$PS$_4$ 中にあったリチウムイオンのかなりの量が FePO$_4$ 側に移動し、Li$_3$PS$_4$ 側にはリチウムイオンが欠乏した層が形成されていることが見て取れる[46]。

一方で固体電解質が酸化物 (Li$_3$PO$_4$) の場合は、図 4.17 の右で示したようにこのようなリチウムイオンの移動や欠乏層の形成は起こらない。これらの計算結果より、正極活物質表面を酸化物系固体電解質で被覆することでリチウムイオンの欠乏層の形成を抑制することができ、硫化物系固体電解質を使用した際に生じる正極界面の高い抵抗成分の発生を低減可能であることが理解できる。

4.1.6　硫化物型全固体電池の現状

硫化物系固体電解質と 4 V 級正極の界面に発生する高い界面抵抗の起

第４章　全固体電池の現状

源についてはいまだ議論が尽きない段階ではあるが、いずれにせよ正極活物質表面への被覆層の形成により全固体電池は現行リチウムイオン電池に匹敵するエネルギー密度と出力密度を兼ね備えるにいたった。この時点における固体電解質のイオン伝導度は 10^{-3} S cm^{-1} 台であったが、本章でも述べてきたように、10^{-2} S cm^{-1} を超えるイオン伝導度を持つ硫化物系固体電解質が開発されたことで、前章でもふれたように全固体電池の性能は今や液体の有機溶媒電解質を使用する現行のリチウムイオン電池を超えたとまで言われている[47]。この論文は硫化物系固体電解質を採用したバルク型全固体電池開発の一つの集大成ともいえ、**表4.3** にあげた３種類の全固体電池が報告されており、それらにはここまでで述べてきた全固体電池の設計指針が生かされている。

　これらの全固体電池で採用された固体電解質の中で、10^{-2} S cm^{-1} 台のイオン伝導度を持つものは $Li_{10}GeP_2S_{12}$ ならびに $Li_{9.54}Si_{1.74}P_{1.44}S_{11.7}Cl_{0.3}$ であり、そのイオン伝導度は各々 1.2×10^{-2} S cm^{-1} ならびに 2.5×10^{-2} S cm^{-1} である。しかしながらこれらの固体電解質は Ge や Si を含み、先に述べたように黒鉛負極に対する適合性を持たない。そのため、

表4.3　トヨタ自動車が試作した全固体電池

	大電流タイプ	高電圧タイプ	標準タイプ
正極層			
正極活物質	$LiNbO_3$ 被覆 $LiCoO_2$	$LiNbO_3$ 被覆 $LiCoO_2$	$LiNbO_3$ 被覆 $LiCoO_2$
固体電解質	$Li_{9.54}Si_{1.74}P_{1.44}S_{11.7}Cl_{0.3}$	$Li_{10}GeP_2S_{12}$	$Li_{10}GeP_2S_{12}$
セパレータ層	$Li_{9.54}Si_{1.74}P_{1.44}S_{11.7}Cl_{0.3}$	正極側： $Li_{10}GeP_2S_{12}$ 負極側： $Li_{9.6}P_3S_{12}$	$Li_{10}GeP_2S_{12}$
負極層			
負極活物質	$Li_4Ti_5O_{12}$	黒鉛	$Li_4Ti_5O_{12}$
固体電解質	$Li_{9.54}Si_{1.74}P_{1.44}S_{11.7}Cl_{0.3}$	$Li_{9.6}P_3S_{12}$	$Li_{10}GeP_2S_{12}$

4.1 バルク型電池

黒鉛を負極として採用する高電圧タイプの全固体電池では、イオン伝導度は 1.2×10^{-3} S cm^{-1} ではあるが4族元素を含まない $Li_{9.6}P_3S_{12}$ を負極側に用いた、二種類の固体電解質を採用した構成となっている。さらに正極活物質には、表面を $LiNbO_3$ で被覆した $LiCoO_2$ が使用されているが、これは先に述べた緩衝層である。$LiNbO_3$ のイオン伝導度は高いイオン伝導性を示す非晶質状態においてさえ 10^{-6} S cm^{-1} にすぎず、$Li_{9.54}Si_{1.74}P_{1.44}S_{11.7}Cl_{0.3}$ の 10^{-2} S cm^{-1} のイオン伝導度に比べるとわずか1万分の1である。このように驚くほどにイオン伝導性に乏しい材料が大電流作動型の全固体電池に採用されていることは極めて面白いことである。

なおこの優れた出力性能は、固体電解質が 2.5×10^{-2} S cm^{-1} もの高いイオン伝導度を示すこともさることながら、固体電解質がリチウムイオンのみを拡散種とする単一イオン伝導体であることも大きく影響してい

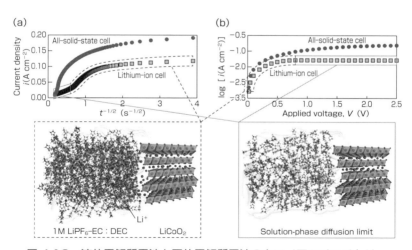

図 4.18 液体電解質電池と固体電解質電池のクロノアンペロメトリー

出典：Y. Kato, S. Hori, T. Saito, K. Suzuki, M. Hirayama, A. Mitsui, M. Yonemura, H. Iba, R. Kanno, High-power all-solid-state batteries using sulfide superionic conductors, *Nat. Energy*, 1, 16030 (2016).[47]

第４章　全固体電池の現状

る。液体電解質を採用した電池の場合には、コットレルプロットには拡散律速領域に対応する原点を通る直線部分が、印加電圧と電流値の関係を示したグラフでは電圧を高くしていっても流れる電流値が増加しない限界電流の挙動が現れるのに対して、固体電解質系では**図 4.18** に示したようにこのような挙動は見られず、この結果は電解質の単一イオン伝導がいかに出力性能を向上させるかを示す好例である。

4.1.7　バルク型全固体リチウム電池の展望

全固体電池における高エネルギー密度電極活物質

　リチウムイオン電池を全固体化する取り組みは、高い信頼性を有する固体電解質系の電池で現行のリチウムイオン電池の性能を達成することを目標としてきた。ここまでで見てきたように $10^{-2}\,\mathrm{S\,cm^{-1}}$ の伝導度を持つ硫化物系固体電解質を用いた全固体電池においては現行のリチウムイオン電池とほぼ同等のエネルギー密度を持つものが開発され、出力性能に関しては現行リチウムイオン電池を凌駕する可能性が示されてきた。このような段階にいたった全固体電池の研究が次に目指すものは、液体電解質をはるかに上回る性能であり、現状で特に注力されているものがエネルギー密度の向上である。

　電池の理論エネルギー密度を決めるものは、電解質ではなく電極活物質である。それにもかかわらず、電解質を固体化すると電池のエネルギー密度を高めることができるといわれているのは、電解質が不燃性となると安全機構を簡素化できることや、特に高電圧を発生するモジュールが必要な車載用途ではバイポーラ型電極を採用することにより部品点数を大幅に低減することが可能であることによる。しかしながらこれらの方法は、エネルギーを蓄える電極活物質以外の材料を削減することで、電池のエネルギー密度を電極活物質から算出される理論エネルギー密度に近づけていく方向である。それに対して経済産業省の試算によると、

94

4.1 バルク型電池

本格的な電気自動車を普及させるために必要なエネルギー密度は500～700 Wh kg^{-1}とされており、これは黒鉛負極とLiCoO$_2$正極とを組み合わせた場合の理論エネルギー密度にほぼ等しい値である。すなわち、現行のC/LiCoO$_2$の活物質構成でこの数字を達成するためにはセパレータ部分や電池容器の重量はゼロでなければならないが、もちろんそのようなことは不可能である。したがって、この要求仕様を満たす電池を開発

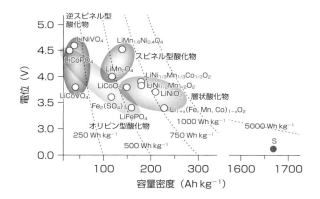

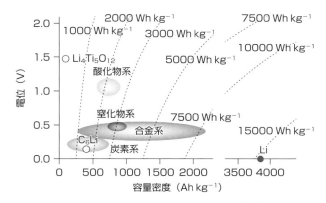

図4.19 高エネルギー密度電極活物質
エネルギー密度は、金属リチウム基準で0Vの負極あるいは4Vの正極と組み合わせた場合のエネルギーを、正極あるいは負極の重量で除した値

第 4 章　全固体電池の現状

するためには、負極の黒鉛や正極の $LiCoO_2$ を図 4.19 に示したような電池に高いエネルギー密度を約束する電極活物質に変更することで理論エネルギー密度自体を向上するしかありえない。

高電位正極

　電池のエネルギー密度は作動電圧と蓄えられた電気量の積であるため、エネルギー密度を上げるためには、高い作動電圧を発生する活物質の組み合わせとするか、多くの電気量を蓄えることのできる活物質を採用することになる。前者に関する取り組みとしては、正極活物質として 4 V の電位を示す $LiCoO_2$ よりも高い電位を示す材料を採用することで起電力を高める試みが行われている。

　スピネル型構造を有する $LiM_xMn_{2-x}O_4$（M = Ni[48]、Co[49]、Cr[50]）や逆スピネル型の $LiNiVO_4$[51]、オリビン型の $LiCoPO_4$[52] は 5 V 近い電位を示す正極活物質として報告された材料である。しかしながら、このような高い電極電位は有機溶媒電解質の酸化分解を引き起こすため、これらの材料はエネルギー密度を向上させうるものでありながら、リチウムイオン電池において安定に動作したことがなかった。それに対して、リチウムイオンのみが拡散種である固体電解質では酸化を受ける反応種が正極表面に供給されることがないために、全固体電池では高電位正極に対する制約がなく、5 V 級正極が安定に作動するはずである。しかしながら、硫化物系固体電解質と 4 V 級正極とを直接接触させるとその接合界面には高抵抗層が形成されることはすでに述べたとおりであり、正極電位がさらに高い 5 V になると、この界面抵抗の問題はますます深刻なものとなる。4 V 級正極との界面の抵抗を低減するために導入された酸化物系固体電解質の緩衝層は、硫化物系固体電解質と 5 V 級正極との界面抵抗の低減にも効果的であり、$LiNbO_3$[53] や Li_3PO_4[54] を緩衝層とすることでこれらの高電位正極が硫化物型の全固体電池中で作動可能であることが示されている（図 4.20）。

4.1 バルク型電池

高容量硫黄正極

　全固体電池の特徴の一つは固体電解質内で副反応が抑制されることによる長寿命であるが、上記の 5 V 級正極の例は副反応の一つである電解質の酸化分解の抑制が可能であるがゆえに、電池の高電圧化を通じて高エネルギー密度化を図ることができる一例である。逆に容量の高い活物質の採用によりエネルギー密度の向上を図る取り組みでも、副反応が進行しにくいという固体電解質の特徴が生かされている。そのような高容量活物質が硫黄正極であり、抑制しようとする副反応は電極活物質の溶解反応である。

　リチウム電池系における硫黄の放電反応は、S_8 が Li_2S_8、Li_2S_6、…と多硫化リチウムに順次還元され、最終的には硫化リチウム（Li_2S）が生成する反応であり、その理論容量密度は 1672 mAh g^{-1} にも達する。しかしながら生成する多硫化リチウムが有機溶媒電解質に溶解するために硫黄正極を使用した電池では充放電にともなう急速な性能低下が起こる[55]。

　それに対して全固体電池では当然のことながら固体電解質中への多硫

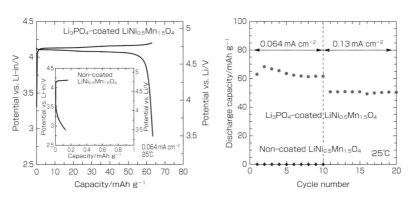

図 4.20　5 V 級正極 LiNi$_{0.5}$Mn$_{1.5}$O$_4$ の全固体電池中における電極特性

出典：S. Yubuchi, Y. Ito, T. Matsuyama, A. Hayashi, M. Tatsumisago, 5 V class LiNi$_{0.5}$Mn$_{1.5}$O$_4$ positive electrode coated with Li$_3$PO$_4$ thin film for all-solid-state batteries using sulfide solid electrolyte, *Solid State Ionics*, 285, 79 (2016)[54], with permission from Elsevier.

第4章　全固体電池の現状

化物の溶出は起こらないため、固体電解質を採用することでエネルギー密度の高いリチウム/硫黄電池は簡単に実現しそうに思われる。しかしながら、硫黄や反応生成物である Li_2S は電子絶縁性の高い物質であり、そのままでは電極反応が活物質表面にとどまり、利用率が低い値にとどまる。この課題を解決するために、金属を分散させる方法[56]や炭素材料との複合化[57]により電子伝導性を付与することで $500\,mAh\,g^{-1}$ の容量密度を発生できることが報告されている。

高容量負極

　以上、電池のエネルギー密度を高めるための正極活物質として、起電力を高めるための高電位正極、電池容量を高めるための硫黄正極を見てきたわけであるが、一方の負極活物質については、現行の黒鉛負極の電極電位がすでに金属リチウムの析出電位に近く、電池電圧を上昇させるためにより卑な電位を示す物質を探索する余地はほとんど残されていない。したがって、エネルギー密度を向上させるための負極材料は、理論容量の高い物質ということになる。究極の負極材料は金属リチウムであるといわれており、その金属リチウム負極については次節で少し触れることになるが、シリコン合金負極も電池容量を増大させ、高エネルギー密度化する面においては金属リチウムに劣るものではない。

シリコン負極の特徴と課題

　シリコンを負極とした電池を充電すると、シリコン負極ではリチウムとの合金化反応が進行し、最もリチウム含有量の高い組成（$Li_{4.4}Si$）まで充電すると、その理論容量は $4200\,mAh\,g^{-1}$ となる。一方、金属リチウムの理論容量密度は $3900\,mAh\,g^{-1}$ であり、両者はほぼ同等であるといわれることがあるが、これは正しい比較ではない。$4200\,mAh\,g^{-1}$ の値は単体シリコンの原子量から計算されたもので、これは放電時の重量であるのに対し、$3900\,mAh\,g^{-1}$ の値は金属リチウムの原子量から算出

されており、これは充電状態の重量である。したがって、シリコン負極においても充電状態における $Li_{4.4}Si$ の式量を基に理論容量密度を計算すると 2000 mAh g^{-1} であり、シリコン負極の重量当たりの理論容量密度は金属リチウムの約半分と結論付けるのが理にかなっている。

しかしながら多くの場合、電池で重要視されるものは重量当たりのエネルギー密度ではなく、体積当たりのエネルギー密度である。それでは体積当たりの理論容量密度を比較してみると、金属リチウム負極の放電反応（$Li \rightarrow Li^+ + e^-$）における体積容量密度は 2.1 Ah cm^{-3} であるのに対し、シリコン合金の放電反応（$Li_{4.4}Si \rightarrow Si + 4.4Li^+ + 4.4e^-$）に対する体積容量密度は 2.4 Ah cm^{-3} となるから、重量当たりの容量密度の点では金属リチウムの約半分とはなるものの、体積当たりの容量密度では金属リチウムに勝るものでありさえする。

さらにシリコンの合金化反応は金属リチウム電位に対して 0.3 V 以下の卑な電位領域で進行することから、現行の黒鉛負極に比べて電池電圧を大幅に低下させるものでもない。また、シリコンは地表における元素の存在比を示すクラーク数が酸素に次いで大きな、資源的にも豊富な元素である。これらを総合すると、シリコンはリチウムイオン電池の負極材料として優れた資質を持つということは疑いのないものであるが、実用化に対する大きな障害となっているものが、充放電にともなって生じる大きな体積変化である。

図 4.21 にはシリコン－リチウム合金の各組成における電位とともに、シリコン 1 原子当たりの格子体積の変化を示したが、純シリコンにおけるシリコン 1 原子当たりの体積は 20.0 Å^3 であるのに対し、満充電状態の $Li_{4.4}Si$ では 82.4 Å^3 であり[58]、満充電によりシリコン負極は 4 倍以上の体積膨張を示すことになる。充放電にともなうこの大きな体積変化のために、有機溶媒電解質を使用するリチウムイオン電池においてシリコン負極を安定に動作させることは極めて困難な課題であり、シリコン負極を充放電するとその繰り返しにともなって急速な性能低下が起こる。充放

第4章　全固体電池の現状

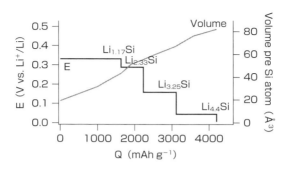

図 4.21　Si-Li 合金の電極電位と合金形成にともなう体積変化

電にともなう大きな体積変化が性能低下につながる機構として、**図 4.22**に模式的に示した（1）材料の微粉化、（2）電極形状の変化、（3）SEI 層の成長の3つの機構が提唱されている[59]。このように有機電解質中においてはさまざまな劣化機構により安定に動作させることが極めて困難なシリコン合金負極であるが、固体電解質には以下に示すように有機溶媒電解質系電池で生じるこれらの劣化機構のいくつかを抑制する働きがあると考えられている。

材料の微粉化：シリコン合金を負極として充放電すると、電極反応にともなう大きな体積変化のために合金粒子内には応力が発生し、歪・亀裂が生じる。充放電にともなってこれらが繰り返されると、材料が次第に微粉化し、合金粒子間の電気的な接続が失われるとともに、結着材により集電体表面に保持することが難しくなり、電解質中への合金材料の脱落が起こる。電解質を固体電解質としても微粉化を抑制できるわけではないと考えられるが、電解質が固体であれば微粉化した合金が膨潤することはなく、電気的接続の喪失を軽減することができ、当然のことながら微粉化した合金材料が電解質中に脱落する問題を避けることも可能である。

電極形状の変化：充放電にともなって各合金粒子で大きな体積変化が繰

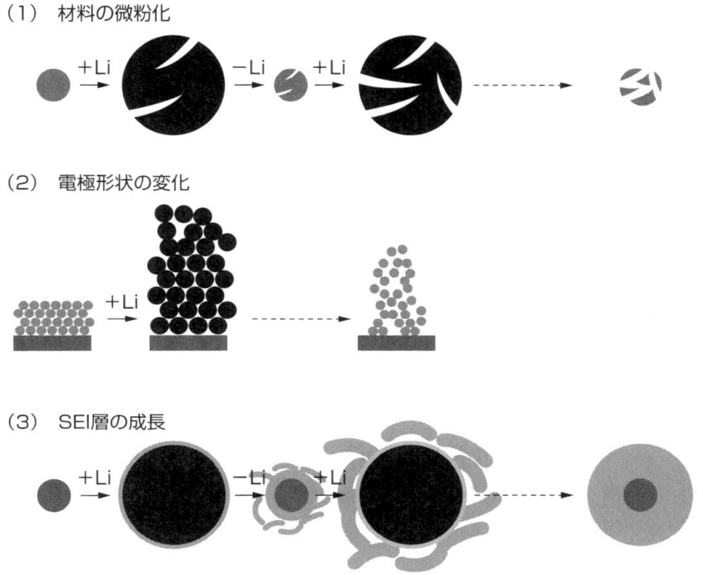

4.1 バルク型電池

(1) 材料の微粉化

(2) 電極形状の変化

(3) SEI層の成長

図4.22 有機溶媒電解質中におけるシリコン合金負極の劣化機構

出典：H. Wu, Y. Cui, Designing nanostructured Si anodes for high energy lithium ion batteries, *Nano Today*, 7, 414 (2012)[59], with permission from Elsevier.

り返されると、膨張した合金粒子同士の間に空隙が生じたり、電極の厚みが不均一になったりするなど、電極の形状が大きく変化する。さらには、集電体上から電極の剥離なども生じることで、電極性能が低下する。全固体電池において、合金粒子は固体の集電体と固体の電解質に挟まれた、限定された空間に閉じ込められることになり、電極形状変化をある程度抑制することができる。

SEI層の成長：リチウムイオン電池で使用される有機溶媒電解質は、金属リチウムに対して１Ｖの電位以下で還元分解すると言われている。それにもかかわらず、有機溶媒電解質中で金属リチウムや黒鉛が負極活物質として動作するのは、還元分解による生成物が負極表面に緻密な被膜

101

第 4 章　全固体電池の現状

として堆積し、還元分解が継続的に進行するのを防ぐためであるとされている。この分解生成物の被膜は SEI（solid electrolyte interphase あるいは solid electrolyte interface）と呼ばれており、電極性能に大きな影響を及ぼすものであるが、シリコン合金負極は電極反応にともない大きな体積変化を示す。つまり、充放電の繰り返しにおいてシリコン粒子には常に新しい表面が現れ続け、そこでは有機溶媒電解質の還元分解と SEI 層の形成が繰り返されることになる。その結果、SEI 層はしだいに肥大し、電極性能は低下し続けることになる。それに対してリチウムイオンのみを拡散種とする固体電解質中では当然のことながら還元分解を引き起こす反応種が電極表面に供給されることがなく、全固体電池ではこのような SEI 層の成長はもとより、SEI 層の形成も抑制することが可能であると考えられている。

　このように、シリコン合金負極は有機溶媒中よりも固体電解質中で安定に動作するものと思われるが、以下では全固体電池において実際に調べられたシリコン負極の特性を見ていくことにする。

　シリコン合金負極において、固体電解質を採用することにより期待されるものは、まず充放電サイクル特性の向上であるが、確かにシリコン合金負極は有機溶媒電解質中に比べて固体電解質中で高いサイクル性能を示す。**図 4.23** は 10 重量パーセントの FeS を添加したシリコン薄膜をパルスレーザー堆積法により作製し、その充放電サイクル試験を液体の有機溶媒電解質（1 M LiPF$_6$/EC–DEC）ならびに固体電解質（70Li$_2$S–30P$_2$S$_5$ ガラスセラミック）中で行った結果であるが、30 nm、400 nm のいずれの膜厚の場合においても固体電解質中のほうが高い容量維持率を示している[60]。特に膜厚が 400 nm となるとその差は顕著であり、有機溶媒電解質中における 120 サイクル経過後の容量は初期の 1/3 にまで低下するのに対して、固体電解質中では 80 ％もの容量を維持する。

　このようにシリコン合金負極が固体電解質中で優れた充放電サイクル

4.1 バルク型電池

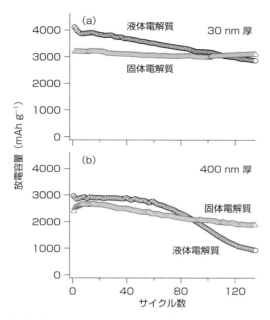

図 4.23 固体電解質中におけるパルスレーザー堆積法で作製した Si-FeS 薄膜の充放電サイクル特性

出典：R. B. Cervera, N. Suzuki, T. Ohnishi, M. Osada, K. Mitsuishi, T. Kambara, K. Takada, High performance silicon-based anodes in solid-state lithium batteries, *Energy Environ. Sci.*, 7, 662 (2014).[60] Reproduced by permission of The Royal Society of Chemistry.

特性を示すということは、電極反応を阻害する SEI 層などが形成されないことを意味しており、そのことはシリコン-リチウム合金内におけるリチウムの拡散が十分に速ければ、シリコン合金負極が固体電解質中において高い入出力性能を示すことを意味する。**図 4.24** はスパッタ法により作製した非晶質シリコン薄膜の負極としての出力性能を、70Li$_2$S-30P$_2$S$_5$ ガラスセラミックを固体電解質として用いた全固体セル中で測定した結果[61]であるが、300 nm 厚で作製したこの非晶質シリコン薄膜は図 4.24a から読み取れるように極めて高い放電容量と出力性能を示す。低電流密度で 3000 mAh g^{-1} もの放電容量を示すこの薄膜は、放電電流

103

第4章 全固体電池の現状

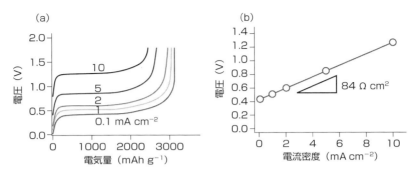

図 4.24 スパッタ法で作製したシリコン薄膜の固体電解質中での放電特性。様々な放電電流密度での放電曲線（a）ならびに放電電流密度と平坦部電位の関係（b）

出典：R. Miyazaki, N. Ohta, T. Ohnishi, I. Sakaguchi, K. Takada, An amorphous Si film anode for all-solid-state batteries, *J. Power Sources*, 272, 541 (2014)[61], with permission from Elsevier.

$10\,\mathrm{mA\,cm^{-2}}$ の出力電流においても $2400\,\mathrm{mAh\,g^{-1}}$ もの高い放電容量を維持する。この図には電流密度の上昇にしたがって分極が増大する様子が現れているが、この分極も電極の反応抵抗に起因するものではない。

図 4.24b のように放電曲線の平坦部の電圧を電流密度に対してプロットすると、この分極をもたらす抵抗成分の値は $84\,\Omega\,\mathrm{cm^2}$ となる。この値は使用した固体電解質の伝導度と固体電解質層の厚みと断面積から見積もられる固体電解質層の抵抗（$80\,\Omega\,\mathrm{cm^2}$）、さらには交流インピーダンス法により実際に測定された全固体セル中における電解質層の抵抗値（$82\,\Omega\,\mathrm{cm^2}$）にほぼ等しい。すなわち、図 4.24a に現れた分極は、測定に用いた電気化学セルの電解質層の抵抗によるものであり、シリコン薄膜の電極反応に起因する抵抗はこれらの測定では認められないほど小さなものであることがわかる。

上記のように、固体電解質を使用することによりシリコン負極のサイクル特性を改善し、高い出力性能を併せ持つ負極を実現することができるとはいえ、図 4.23b に現れた容量維持率で十分とされる用途は限られ

4.1 バルク型電池

てくる。特に、全固体化が最も要望されている車載用途では10年以上の寿命が求められており、このような用途に対応するためにはサイクル特性をさらに向上させていく必要がある。

充放電の繰り返しにともなう急速な容量低下は、高い容量密度を持つとともに大きな体積変化を示す合金負極に共通の問題点であり、これまでに様々な解決策が模索されてきた。合金の体積変化がもたらす歪の大きさは合金粒子の径に依存するため、合金を微粒子化すると歪を小さなものとすることができ、体積変化がもたらす亀裂の発生を抑制し、充放電サイクル特性を向上させることが可能であるといわれている。さらに構成材料がすべて固体である全固体電池では、充放電にともなう体積変化をいかに吸収するかということが極めて重要な課題となる。これらの要請を同時に満たすものとして最近提案されたものがシリコンの多孔化である[62]。

図4.24にはスパッタ法により作製したシリコン薄膜の全固体電池の負極としての特性を示したが、この時の導入ガスはアルゴンであり、得られるシリコンの薄膜は稠密なものである。ところが導入ガスをヘリウムに代えると、**図4.25**の写真に示すように成長する薄膜は多孔質なものとなる。このような多孔質構造において、シリコンの厚みは孔と孔に挟まれた極めて薄いものとなり、その結果、充放電時の体積変化にともなう歪を減じることが可能となる。さらにシリコンの充電時に生じる体積膨張をこれらの孔に吸収することができることから、図4.25に示したようにこの多孔質シリコンは稠密な膜に比べてはるかに高い容量維持率を示す。

酸化物型全固体電池

以上のように、硫化物系固体電解質を使用したバルク型の全固体電池では現行のリチウムイオン電池に匹敵する性能が達成され、それに引き続く性能向上を目指した取り組みの中では、高電位正極や高容量負極の

105

第4章　全固体電池の現状

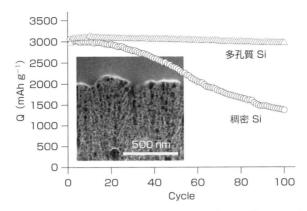

図 4.25　多孔質シリコン負極と稠密シリコン負極の充放電サイクル特性

出典：J. Sakabe, N. Ohta, T. Ohnishi, K. Mitsuishi, K. Takada, Porous amorphous silicon film anodes for high-capacity and stable all-solid-state lithium batteries, *Commun. Chem.*, 1, 24 (2018).[62]

採用などによるリチウムイオン電池を超える性能の可能性すら見出されている。このように優れた性能を示す全固体電池を提供する硫化物系固体電解質であるが、大気中の湿気とも反応する不安定な物質である。この分解反応の結果生じる硫化水素も問題であるが、このように取り扱いが難しい物質の使用は電池の製造プロセスを煩雑なものとし、製造コストを引き上げるとともに、電池の設計にも制約を与える。

　硫化物系固体電解質のこれらの課題を解決に導くものとして期待されているものが、硫化物系固体電解質に比べると高い化学的な安定性を持つ酸化物系固体電解質である。酸化物系固体電解質でも、硫化物系における 10^{-2} S cm^{-1} のイオン伝導度には及ばないものの、10^{-3} S cm^{-1} のイオン伝導度を示す固体電解質はいくつか存在する。しかしながら、これらの固体電解質を使用したバルク型全固体電池の性能は現行リチウムイオン電池に遠く及ばないものにとどまっている。

　硫化物系固体電解質の長所の一つは高いイオン伝導度であるが、硫化物系固体電解質を使用した全固体電池が高い性能を示すもう一つの理由

4.1 バルク型電池

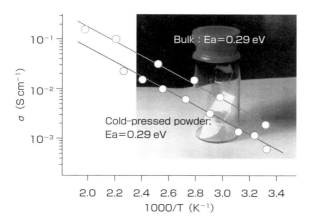

図 4.26 Li$_3$PO$_4$-Li$_2$S-SiS$_2$ 急冷ガラスのバルクと圧粉体の電気伝導度

出典：K. Takada, S. Kondo, Lithium ion conductive glass and its application to solid state batteries, *Ionics*, 4, 42 (1998)[64], with permission from Ifl.

が、固体電解質の機械特性である。硫化物系固体電解質は酸化物系固体電解質に比べて柔らかい材料であり[63]、室温のプレス成型のみで粒子が塑性変形を起こし、粒子同士が強固に結着する。例えば双ローラー急冷によって合成された溶融急冷ガラスは、**図 4.26** 中の写真で示したように薄片として得られる。この固体電解質の薄片に電極を形成して測定した電気伝導度と、この薄片を粉砕した粉末をコールドプレスした圧粉体の電気伝導度を比較すると、圧粉体中に存在する空隙のために圧粉体の電気伝導度は薄片のものに比べて幾分低い値となるが、直線の傾きから算出される伝導の活性化エネルギーは、いずれも 0.29 eV の値となっている[64]。すなわち、このアレニウスプロットにみられるものはバルク中における伝導障壁のみであり、圧粉体における粒界の抵抗は極めて低いものであることがわかる。

もちろん、イオン伝導度が 10^{-2} S cm^{-1} 台に入り、バルクの抵抗成分が極めて小さなものとなってくると、粒界抵抗の寄与は無視できないものとなってくるが[65]、いずれにせよ室温のプレス成型により電池を構成

107

第4章　全固体電池の現状

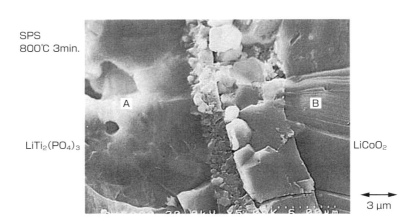

図4.27　正極活物質（LiCoO$_2$）と固体電解質（LiTi$_2$(PO$_4$)$_3$）の接合界面に生成した不純物層

出典：Y. Kobayashi, T. Takeuchi, M. Tabuchi, K. Ado, H. Kageyama, Densification of LiTi$_2$(PO$_4$)$_3$-based solid electrolytes by spark-plasma-sintering, *J. Power Sources*, 81 & 82, 853 (1999)[68], with permission from Elsevier.

することが可能であることに疑いはない。このような硫化物系固体電解質の機械的な特性に比べて、ほとんどの酸化物系固体電解質は硬い材質であり、室温のプレス成型のみで粒子間を接合することができない。粒子同士を接合するための一般的な方法は焼結法であるが、酸化物系固体電解質の焼結体における粒界抵抗は多くの場合、極めて高いものにとどまり、例えばペロブスカイト型固体電解質 Li$_{3x}$La$_{2/3-x}$TiO$_3$ の場合、1350℃の温度で作製した焼結体ではバルクの抵抗成分に比べて数桁高い粒界抵抗が認められる[66]。

　粒界抵抗を低減するための代表的な方法は焼結温度を高めることであり、焼結温度を1450℃とすると、粒成長により粒界密度が低下することにより数倍の範囲に収まる[67]。しかしながら全固体電池を作製するために接合すべきは固体電解質粒子のみではなく、固体電解質粒子と活物質粒子も接合する必要がある。固体電解質と活物質が接触した状態でのこのような高温プロセスは活物質と固体電解質との反応を引き起こし、界

4.1 バルク型電池

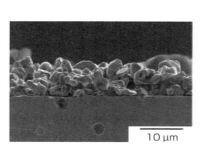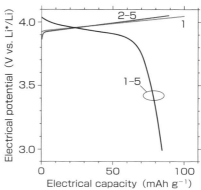

図 4.28 ガーネット型固体電解質焼結体と LiCoO₂/Li₃BO₃ 複合体の焼結界面の SEM 画像と充放電曲線

出典:S. Ohta, S. Komagata, J. Seki, T. Saeki, S. Morishita, T. Asaoka, All-solid-state lithium ion battery using garnet-type oxide and Li₃BO₃ solid electrolytes fabricated by screen-printing, *J. Power Sources*, 238, 53 (2013)[69], with permission from Elsevier.

面に不純物相を発生させる。図 4.27 は、NASICON 型固体電解質 ($LiTi_2(PO_4)_3$) と $LiCoO_2$ を比較的短時間で焼結が可能な通電焼結法で接合した界面であるが[68]、界面に $CoTiO_3$ などの不純物相が形成されている。このような固体電解質と活物質の反応性に関わる課題の解決を目指して、現在精力的に研究が行われているものがホウ酸リチウム系の固体電解質である。

ホウ酸リチウムの融点は 700 ℃付近にあり、そのためホウ酸リチウム系の固体電解質は比較的低温で焼結可能である。このような特質を生かした全固体電池が、ガーネット型酸化物とホウ酸リチウムを固体電解質とした全固体電池である。図 4.28 に示した全固体電池には二種類の固体電解質が使用されている。固体電解質層に使用されているのはガーネット型酸化物 $Li_{7-x}La_3Zr_{2-x}Nb_xO_{12}$ であり、活物質と接触させる前の状態、すなわち活物質との反応の懸念のない単独の状態で 1150 ℃で焼結することで、粒界抵抗の低い固体電解質層としている。その後に、正極層を

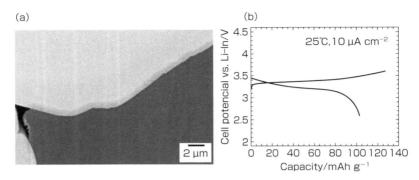

図 4.29 LiCoO$_2$/Li$_3$BO$_3$ 系固体電解質複合体正極の断面写真（a）と、この複合正極を使用した全固体電池の充放電曲線（b）

出典：M. Tatsumisago, R. Takano, K. Tadanaga, A. Hayashi, Preparation of Li$_3$BO$_3$–Li$_2$SO$_4$ glass-ceramic electrolytes for all-oxide lithium batteries, *J. Power Sources*, 270, 603 (2014)[70], with permission from Elsevier.

この固体電解質層に接合するために、この固体電解質層上で LiCoO$_2$ と Li$_3$BO$_3$ の混合物を 700 ℃ で焼結し、金属リチウムを反対側に蒸着することで負極としている[69]。

ホウ酸リチウム系材料のもう一つの特長が、酸化物としては比較的柔らかな物質である点である。そのためホットプレスなどの低温プロセスでも電池材料同士を接合することができる。図 4.29a は、Li$_3$BO$_3$ 系固体電解質を採用し、245 ℃ のホットプレスで作製した電池の正極層の断面図を示したものであるが、この LiCoO$_2$ と Li$_3$BO$_3$ 系固体電解質の複合体正極においては、Li$_3$BO$_3$ 系固体電解質粒子が変形することにより LiCoO$_2$ との高い密着性、接合面積が達成されていることがわかる[70]。

このように低温プロセスで電池部材間の接合が可能なホウ酸リチウム系固体電解質であるが、対する問題点はイオン伝導度が低いことである。図 4.29 に示した全固体電池で採用された固体電解質においては、Li$_3$BO$_3$ に Li$_2$SO$_4$ を加え、さらに 290 ℃ で結晶化させてガラスセラミックとすることでイオン伝導性の向上を図っているが、それでも到達されたイオン

伝導度は非晶質状態での $10^{-6}\,\mathrm{S\ cm^{-1}}$ から $1.4 \times 10^{-5}\,\mathrm{S\ cm^{-1}}$ にとどまっており、その結果いずれの全固体電池の動作電流も 1 平方センチメートル当たり数十マイクロアンペアにとどまっている。このように現在のところ十分な性能を発揮するにいたっていない酸化物型全固体電池ではあるが、その素性の良さは薄膜電池の研究を通して確かめられてきた電池系でもある。次節では、様々な薄膜電池の研究を俯瞰することで、その潜在能力を明らかにしていきたい。

文献

1) C. Tubandt, E. Lorenz, Molekularzustand und elektrisches leitvermögen kristallisierter salze, *Z. Phys. Chem. B*, 24, 513 (1914).

2) B. B, Owens, Solid state electrolytes: overview of materials and applications during the last third of the twentieth century, *J. Power Sources*, 90, 2 (2000).

3) B. Reuter, K. Hardel, Über die Hochtemperaturmodifikation von Silbersulfidjodid, *Naturwissenschaften*, 48, 161 (1961).

4) B. B. Owens, G. R. Argue, High-Conductivity Solid Electrolytes: MAg_4I_5, *Science*, 157, 308 (1967).

5) 高橋武彦，山本治，固体電解質電池（I）Ag_3SI を電解質として用いた固体電解質電池，電気化学および工業物理化学，32, 664 (1964).

6) B. B. Owens, J. R. Bottleberghe, Twenty year storage test of Ag/$RbAg_4I_5/I_2$ solid state batteries, *Solid State Ionics*, 62, 243 (1993).

7) R. J. Brodd, A. Kozawa, K. V. Kordesch, 5th anniversary review series, primary batteries 1951-1976, *J. Electrochem. Soc.*, 125, 271C (1978).

8) M. S. Whittingham, Electrical energy storage and intercalation chemistry, *Science*, 192, 1126 (1976).

9) R. Kanno, Y. Takeda, M. Imura, O. Yamamoto, Rechargeable solid electrolyte cells with a copper ion conductor, $Rb_4Cu_{16}I_7Cl_{13}$, and a titanium disulfide cathode, *J. Appl. Electrochem.*, 12, 681 (1982).

第4章　全固体電池の現状

10) R. Kanno, Y. Takeda, M. Ohya, O. Yamamoto, Rechargeable all solid-state cell with high copper-ion conductor and copper chevrel phase, *Mater. Res. Bull.*, 22, 1283 (1987).

11) T. Takahashi, O. Yamamoto, S. Yamada, S. Hayashi, Solid-State Ionics: High copper ion conductivity of the cyctem CuCl-CuI-RbCl, *J. Electrochem Soc.*, 126, 1654 (1979).

12) R. Kanno, Y. Takeda, Y. Oda, H. Ikeda, O. Yamamoto, Rechargeable solid electrolyte cells with a copper ion conductor, *Solid State Ionics*, 18&19, 1068 (1986).

13) K. Takada, T. Kanbara, Y. Yamamura, S. Kondo, Rechargeable solid-state batteries with silver ion conductors, *Solid State Ionics*, 40/41, 988 (1990).

14) W. Greatbatch, J. H. Lee, W. Mathias, M. Eldridge, J. R. Moser, A. A. Schneider, The solid-state lithium battery: a new improved chemical power source for implantable cardiac pacemakers, *IEEE Trans. Biomed. Eng.*, 18 (5), 317 (1971).

15) N. Zheng, X. Bu, P. Feng, Synthetic design of crystalline inorganic chalcogenides exhibiting fast-ion conductivity, *Nature*, 426 (6965), 428 (2003).

16) J. P. Malugani, B. Fahys, R. Mercier, G. Robert, J. P. Duchange, S. Baudry, M. Broussely, J. P. Gabano, De nouveaux verres conducteurs par l'ion lithium et leurs applications dans des generateurs electrochimiques, *Solid State Ionics*, 9&10, 659 (1983).

17) F. Mizuno, A. Hayashi, K. Tadanaga, M. Tatsumisago, New, highly ion-conductivecrystals precipitated from $Li_2S-P_2S_5$ glasses, *Adv. Mater.*, 17, 918 (2005).

18) N. Kamaya, K. Homma, Y. Yamakawa, M. Hirayama, R. Kanno, M. Yonemura, T. Kamiyama, Y. Kato, S. Hama, K. Kawamoto, A. Mitsui, A lithium superionic conductor, *Nat. Mater.*, 10 (9), 682 (2011).

19) J. R. Akridge, H. Vourlis, Solid state batteries using vitreous solid elec-

112

trolytes, *Solid State Ionics*, 18&19, 1082 (1986).

20) M. Ménétrier, C. Delmas, A. Levasseur, On the behavior of intercalation compounds in solid state batteries, *Mater. Sci. Eng. B*, 15. 101 (1992).

21) C. Capiglia, Y. Saito, H. Kageyama, P. Mustarelli, T. Iwamoto, T. Tabuchi, H. Tukamoto, ^{7}Li and ^{19}F diffusion coefficients and thermal properties of nonaqueous electrolyte solutions for rechargeable lithium batteries, *J. Power Sources*, 81&82, 859 (1999).

22) R. Mercier, J.-P. Malugani, B. Fahys, G. Robert, Superionic conduction in $Li_2S-P_2S_5-LiI$-glasses, *Solid State Ionics*, 5, 663 (1981).

23) H. Wada, M. Menetrier, A. Levasseur, P. Hagenmuller, Preparation and ionic conductivity of new $B_2S_3-Li_2S-LiI$ glasses, *Mat. Res. Bull.*, 18, 189 (1983).

24) J. H. Kennedy, Y. Yang, A highly conductive Li^+-glass system: $(1-x)$ $(0.4SiS_2-0.6Li_2S)-x$LiI, *J. Electrochem. Soc.*, 133, 2437 (1986).

25) N. Aotani, K. Iwamoto, K. Takada, S. Kondo, Synthesis and electrochemical properties of lithium ion conductive glass, $Li_3PO_4-Li_2S-SiS_2$, *Solid State Ionics*, 68, 35 (1994).

26) K. Iwamoto, N. Aotani, K. Takada, S. Kondo, Application of $Li_3PO_4-Li_2S-SiS_2$ glass to the solid state secondary batteries, *Solid State Ionics*, 79, 258 (1995).

27) 岩本和也，藤野信，高田和典，近藤繁雄，無機固体電解質を用いたコイン型全固体リチウム二次電池の作動特性，電気化学，65，753 (1997).

28) M. Tatsumisago, K. Hirai, T. Hirata, M. Takahashi, T. Minami, Structure and properties of lithium ion conducting oxysulfide glasses prepared by rapid quenching, *Solid State Ionics*, 86-88, 487 (1996).

29) N. Machida, H. Maeda, H. Peng, T. Shigematsu, All-solid-state lithium battery with $LiCo_{0.3}Ni_{0.7}O_2$ fine powder as cathode materials with an amorphous sulfide electrolyte, *J. Electrochem. Soc.*, 149, A688 (2002).

30) A. Hayashi, H. Yamashita, M. Tatsumisago, T. Minami, Characterization of $Li_2S-SiS_2-Li_xMO_y$ (M = Si, P, Ge) amorphous solid electrolytes pre-

pared by melt-quenching and mechanical milling, *Solid State Ionics*, 148, 381（2002）.

31） A. Hayashi, R. Komiya, M. Tatsumisago, T. Minami, Characterization of Li_2S–SiS_2–Li_3MO_3（M = B, Al, Ga, and In）oxysulfide glasses and their application to solid state batteries, *Solid State Ionics*, 152–153, 285（2002）.

32） M. Tatsumisago, T. Minami, M. Tanaka, Rapid quenching technique using thermal-image furnace for glass preparation, *J. Am. Ceram. Soc.*, 64, C97（1981）.

33） A. Pradel, M. Ribes, Electrical properties of lithium conductive silicon sulfide glasses prepared by twin roller quenching, *Solid State Ionics*, 18&19, 351（1986）.

34） K. Takada, S. Nakano, T. Inada, A. Kajiyama, H. Sasaki, S. Kondo, M. Watanabe, Compatibility of lithium ion conductive sulfide glass with carbon-lithium electrode, *J. Electrochem. Soc.*, 150, A274（2003）.

35） R. Kanno, M. Murayama, Lithium ionic conductor thio-LISICON: the Li_2S–GeS_2–P_2S_5 system, *J. Electrochem. Soc.*, 148, A742（2001）.

36） K. Takada, T. Inada, A. Kajiyama, H. Sasaki, S. Kondo, M. Watanabe, M. Murayama, R. Kanno, Solid-state lithium battery with graphite anode, *Solid State Ionics*, 158, 269（2003）.

37） F. Mizuno, A. Hayashi, K. Tadanaga, M. Tatsumisago, New, highly ion-conductive crystals precipitated from Li_2S–P_2S_5 glasses, *Adv. Mater.*, 17, 918（2005）.

38） M. Tatsumisago, Y. Shinkuma, T. Minami, Stabilization of superionic α-AgI at room temperature in a glass matrix, *Nature*, 354, 217（1991）.

39） H. Yamane, M. Shibata, Y. Shimane, T. Junke, Y. Seino, S. Adams, K. Minami, A. Hayashi, M. Tatsumisago, Crystal structure of a superionic conductor, $Li_7P_3S_{11}$, *Solid State Ionics*, 178, 1163（2007）.

40） Y. Seino, K. Takada, B.-C. Kim, L. Zhang, N. Ohta, H. Wada, M. Osada, T. Sasaki, Synthesis of phosphorous sulfide solid electrolyte and all-solid

4.1 バルク型電池

–state lithium batteries with graphite electrode, *Solid State Ionics,* 176, 2389 (2005).

41) A. Hayashi, S. Hama, H. Morimoto, M. Tatsumisago, T. Minami, Preparation of $Li_2S-P_2S_5$ amorphous solid electrolyte by mechanical milling, *J. Am. Ceram. Soc.,* 84, 477 (2001).

42) A. Sakuda, A. Hayashi, M. Tatsumisago, Inerfacial observation between $LiCoO_2$ electrode and $Li_2S-P_2S_5$ solid electrolyte of all–solid–state lithium secondary batteries using transmission electron microscopy, *Chem. Mater.,* 22, 949 (2010).

43) R. Koerver, I. Aygün, T. Leichweiß, C. Dietrich, W. Zhang, J. O. Binder, P. Hartmann, W. G. Zeier, J. Janek, Capacity fade in solid–state batteries: Interphase formation and chemomechanical processes in nickel–rich layered oxide cathodes and lithium thiophosphate solid electrolyte, *Chem. Mater.,* 29, 5574 (2017).

44) J. Maier, Ionic conduction in space charge regions, *Prog. Solid State Chem.,* 23, 171 (1995).

45) N. Ohta, K. Takada, L. Q. Zhang, R. Z. Ma, M. Osada, T. Sasaki, Enhancement of the high–rate capability of solid–state lithium batteries by nanoscale interfacial modification, *Adv. Mater.,* 18, 2226 (2006).

46) M. Sumita, Y. Tanaka, T. Ohno, Possible polymerization of PS_4 at a $Li_3PS_4/FePO_4$ interface with reduction of the $FePO_4$ phase, *J. Phys. Chem. C,* 121, 9698 (2017).

47) Y. Kato, S. Hori, T. Saito, K. Suzuki, M. Hirayama, A. Mitsui, M. Yonemura, H. Iba, R. Kanno, High–power all–solid–state batteries using sulfide superionic conductors, *Nat. Energy,* 1, 16030 (2016).

48) Q. Zhong, A. Banakdarpour, M. Zhang, T. Gao, J. R. Dahn, Synthesis and electrochemistry of $LiNi_xMn_{2-x}O_4$, *J. Electrochem. Soc.,* 144, 205 (1997).

49) H. Kawai, M. Nagata, H. Tukamoto, A. R. West, A nobel cathode $Li_2CoMn_3O_8$ for lithium ion batteries operating over 5 volts, *J. Mater. Chem.,* 8, 837 (1998).

115

第 4 章　全固体電池の現状

50) C. Sigala, D. Guyomard, A. Verbaere, Y. Piffard, M. Tournoux, Positive electrode materials with high operating voltage for lithium batteries: $LiCr_yMn_{2-y}O_4$ $(0 \leq y \leq 1)$, *Solid State Ionics*, 81, 167 (1995).

51) G. T-K. Fey, W. Li, J. R. Dahn, $LiNiVO_4$: A 4.8 volts electrode material for lithium cells, *J. Electrochem. Soc.*, 141, 2279 (1994).

52) K. Amine, H. Yasuda, M. Yamachi, Olivine $LiCoPO_4$ as 4.8 V electrode material for lithium batteries, *Electrochem. Solid-State Lett.*, 3, 178(2000).

53) G. Oh, M. Hirayama, O. Kwon, K. Suzuki, R. Kanno, Bulk-type all solid-state batteries with 5 V class $LiNi_{0.5}Mn_{1.5}O_4$ cathode and $Li_{10}GeP_2S_{12}$ solid electrolyte, *Chem. Mater.*, 28, 2634 (2016).

54) S. Yubuchi, Y. Ito, T. Matsuyama, A. Hayashi, M. Tatsumisago, 5 V class $LiNi_{0.5}Mn_{1.5}O_4$ positive electrode coated with Li_3PO_4 thin film for all-solid-state batteries using sulfide solid electrolyte, *Solid State Ionics*, 285, 79 (2016).

55) Q. Wang, J. Jin, X. Wu, G. Ma, J. Yang, Z. Wen, A shuttle effect free lithium sulfur battery based on a hybrid electrolyte, *Phys. Chem. Chem. Phys.*, 16, 21225 (2014).

56) A. Hayashi, T. Ohtomo, F. Mizuno, K. Tadanaga, M. Tatsumisago, All-solid-state Li/S batteries with highly conductive glass ceramic electrolytes, *Electrochem. Commun.*, 5, 701 (2003).

57) T. Kobayashi, Y. Imade, D. Shishihara, K. Homma, M. Nagao, R. Watanabe, T. Yokoi, A. Yamada, R. Kanno, T. Tatsumi, All solid-state battery with sulfur electrode and thio-LISICON electrolyte, *J. Power Sources*, 182, 621 (2008).

58) B. A. Boukamp, G. C. Lesh, R. A. Huggins, All-solid lithium electrode with mixed-conductor matrix, *J. Electrochem. Soc.*, 128, 725 (1981).

59) H. Wu, Y. Cui, Designing nanostructured Si anodes for high energy lithium ion batteries, *Nano Today*, 7, 414 (2012).

60) R. B. Cervera, N. Suzuki, T. Ohnishi, M. Osada, K. Mitsuishi, T. Kambara, K. Takada, High performance silicon-based anodes in solid-

state lithium batteries, *Energy Environ. Sci.,* 7, 662（2014）.

61） R. Miyazaki, N. Ohta, T. Ohnishi, I. Sakaguchi, K. Takada, An amorphous Si film anode for all–solid–state batteries, *J. Power Sources,* 272, 541（2014）.

62） J. Sakabe, N. Ohta, T. Ohnishi, K. Mitsuishi, K. Takada, Porous amorphous silicon film anodes for high–capacity and stable all–solid–state lithium batteries, *Commun. Chem.,* 1, 24（2018）.

63） A. Sakuda, A. Hayashi, M. Tatsumisago, Sulfide solid electrolyte with favorable mechanical property for all–solid–state lithium batteries, *Sci. Rep.,* 3, 2261（2013）.

64） K. Takada, S. Kondo, Lithium ion conductive glass and its application to solid state batteries, *Ionics,* 4, 42（1998）.

65） Y. Seino, T. Ota, K. Takada, A. Hayashi, M. Tatsumisago, A sulphide lithium super ion conductor is superior to liquid ion conductors for use in rechargeable batteries, *Energy Environ. Sci.,* 7, 627（2014）.

66） Y. Inaguma, C. Liquan, M. Itoh, T. Nakamura, T. Uchida, H. Ikuta, M. Wakihara, High ionic conductivity in lithium lanthanum titanate, *Solid State Commun.,* 86, 689（1993）.

67） Y. Inaguma, M. Nakashima, A rechargeable lithiumair battery using a lithium ion conducting lanthanum lithium titanate ceramics as an electrolyte separator, *J. Power Sources,* 228, 250（2013）.

68） Y. Kobayashi, T. Takeuchi, M. Tabuchi, K. Ado, H. Kageyama, Densification of $LiTi_2(PO_4)_3$–based solid electrolytes by spark–plasma–sintering, *J. Power Sources,* 81&82, 853（1999）.

69） S. Ohta, S. Komagata, J. Seki, T. Saeki, S. Morishita, T. Asaoka, All–solid–state lithium ion battery using garnet–type oxide and Li_3BO_3 solid electrolytes fabricated by screen–printing, *J. Power Sources,* 238, 53（2013）.

70） M. Tatsumisago, R. Takano, K. Tadanaga, A. Hayashi, Preparation of Li_3BO_3–Li_2SO_4 glass–ceramic electrolytes for all–oxide lithium batteries, *J. Power Sources,* 270, 603（2014）.

第4章　全固体電池の現状

4.2　薄膜電池

4.2.1　薄膜電池の歴史

　リチウムイオン電池を全固体化するために必要とされるイオン伝導度は 10^{-3} S cm^{-1} であるとされているが、窒化リチウムでこの値が達成されたのが 1977 年、硫化物系固体電解質では 1980 年以降のことである。それまでの固体電解質の探索は酸化物系材料を中心としたものであり、その中で得られたイオン伝導度は 10^{-6} S cm^{-1} 台にとどまっていた。今でこそエレクトロニクスの進歩により IC カードやウェアラブルコンピュータ、生体用デバイスなどの多彩な用途が開けた薄膜電池であるが、その開発は固体電解質の低いイオン伝導性を補い、電池の厚みを減じることで内部抵抗を低減する目的で始まったといってもよい。

　蒸着法により作製される薄膜電池が最初に報告されたのは、リチウムイオン電池の誕生の 10 年近く前の 1983 年である[1]。この薄膜電池に使用されている固体電解質は $Li_{3.6}Si_{0.6}P_{0.4}O_4$ であり、伝導度は 5×10^{-6} S cm^{-1} のものである。正極活物質は $TiCl_4$ と H_2S をソースガスとして化学気相成長法（CVD：chemical vapor deposition）により作製した TiS_2 であり、その上に RF スパッタ法により固体電解質層を形成したのちに、金属リチウムの負極層を加熱蒸着で堆積したものである。この薄膜電池はこれらの成膜技術を駆使することにより厚さを 10 μm 程度としているが、出力電流は図 **4.30** に示したように 16 μA cm^{-2} にとどまっている。

　TiS_2 は前節でも述べたように層状構造を有する化合物であり、リチウムイオンの挿入/脱離の方向は TiS_2 層に平行な方向である。したがって、良好な性能を示す薄膜電池を得ようとすると、TiS_2 層が基板に垂直な方向に立っている必要がある。また、TiS_2 は $Ti_{1+x}S_2$ のように Ti 過剰の組成を取りやすい化合物である。この過剰の Ti は TiS_2 層間を占め、リチ

118

4.2 薄膜電池

表 4.4 代表的な薄膜電池

負 極	固体電解質	正 極	参考文献
Li（加熱蒸着）	$Li_{3.6}Si_{0.6}P_{0.4}O_4$（RF スパッタ）	TiS_2（低圧 CVD）	1)
Li（加熱蒸着）	$Li_{3.6}Si_{0.6}P_{0.4}O_4$（RF スパッタ）	TiS_2（プラズマ CVD）	2)
Li（加熱蒸着）	B_2O_3-Li_2O-Li_2SO_4（RF スパッタ）	TiS_xO_y（RF スパッタ）	3)
Li（加熱蒸着）	Li_2O-V_2O_5-SiO_2（RF スパッタ）	MoO_3（RF スパッタ）	4)
Li（加熱蒸着）	LiI（加熱蒸着）/LiI-Li_3PO_4-P_2S_5（RF スパッタ）	TiS_2（RF スパッタ）	5)
Li（加熱蒸着）	Lipon（RF スパッタ）	V_2O_5（DC スパッタ）	7)
Li（加熱蒸着）	Lipon（RF スパッタ）	V_2O_5（DC スパッタ）$LiMn_2O_4$（電子ビーム蒸着、RF スパッタ）	9)
Li（加熱蒸着）	Lipon（RF スパッタ）	$LiCoO_2$（RF スパッタ）	11)
集電体 Cu（dc スパッタ）	Lipon（RF スパッタ）	$LiCoO_2$（RF スパッタ）	13)
Li（加熱蒸着）	Lipon（RF スパッタ）	$LiNi_{0.5}Mn_{1.5}O_4$（RF スパッタ）	12)
Li（加熱蒸着）	Lipon（RF スパッタ）	$LiCoO_2$（PLD）	14)
Li（加熱蒸着）	Li_3PO_4（PLD）	$LiNi_{0.5}Mn_{1.5}O_4$（PLD）	16)

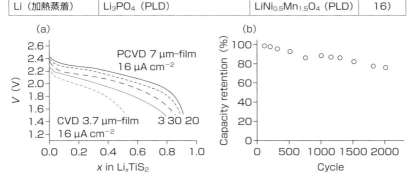

図 4.30 Li/TiS_2 薄膜電池の放電特性と充放電サイクル特性

(a) 出典：K. Kanehori, K. Matsumoto, K. Miyauchi, T. Kudo, Thin film solid electrolyte and its application to secondary lithium cell, *Solid State Ionics*, 9 & 10, 1445 (1983)[1], with permission from Elsevier.

(b) 出典：K. Kanehori, Y. Ito, F. Kirino, K. Miyauchi, T. Kudo, Titanium disulfide films fabricated by plasma CVD, *Solid State Ionics*, 18 & 19, 818 (1986)[2], with permission from Elsevier.

ウムイオンの拡散を妨げるほか、Ti^{3+} が生じることにより充放電容量も低下する。続く研究[2]では、成膜にプラズマCVD法を採用すると充放電に適した配向性と定比に近い TiS_2 膜の作製が可能となり、電池特性が向上することが示されている（図4.30）。

この薄膜電池の報告を皮切りに**表4.4**に示したような様々な固体電解質を採用した薄膜電池が報告されるようになり[3),4)]、**図4.31**に示したEveready Battery Companyで試作された薄膜電池[5)]では酸硫化物のLiI–Li_3PO_4–P_2S_5 までもが使用されている。RFスパッタにより作製されたLiI–Li_3PO_4–P_2S_5 薄膜のイオン伝導度は 2×10^{-5} S cm^{-1} と、バルク試料の 5×10^{-4} S cm^{-1} に比べると1桁以上低いものとなっている。さらにその上に金属リチウムを蒸着する際に生じる不動態層の形成を抑止するためにイオン伝導が 10^{-7} S cm^{-1} のLiI層を加熱蒸着で形成していることもあり、出力電流は $100\,\mu A\,cm^{-2}$ 程度にとどまっているが、長寿命である全固体電池の特徴をいかんなく発揮し、TiS_2 へのリチウムイオンの最大挿入量である $LiTiS_2$ までの深い充放電を行った際にも、20000サイクルに

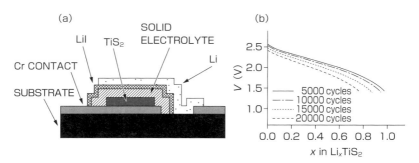

図4.31 Li/LiI/LiI–Li_3PO_4–P_2S_5/TiS_2 薄膜電池の断面模式図（a）と充放電サイクルにともなう放電曲線の変化(b)

(a) 出典：S. D. Jones, J. R. Akridge, A thin film solid state microbattery, *Solid State Ionics*, 53–56, 628 (1992)[5)], with permission from Elsevier.

(b) 出典：S. D. Jones, J. R. Akridge, A microfabricated solid-state secondary Li battery, *Solid State Ionics*, 86–88, 1291 (1996)[6)], with permission from Elsevier.

わたって極めて安定に動作することが確認されている[6]。

このように様々な材料が検討されていた薄膜電池に訪れた大きな転機が、Liponと呼ばれる固体電解質の開発[7]である。γ-Li$_3$PO$_4$は固体電解質として機能する物質の代表的な結晶構造の一つであるが、Li$_3$PO$_4$自身は室温においてほとんどイオン伝導を示さない。それをスパッタ法により非晶質の状態の薄膜にすると、**図4.32**に示したようにイオン伝導度は7×10^{-8} S cm^{-1}程度に向上し、伝導の活性化エネルギーは0.68 eVにまで低下する。Liponは窒素を含む雰囲気においてこのスパッタ成膜を行うことで、Li$_3$PO$_4$に窒素が導入し、イオン伝導性を高めたものである。この酸窒化物薄膜の組成はLi$_{3.3}$PO$_{3.8}$N$_{0.22}$などであらわされ、窒素の含有量は成膜室内の窒素分圧などにより変化し、物性もそれにともなって変

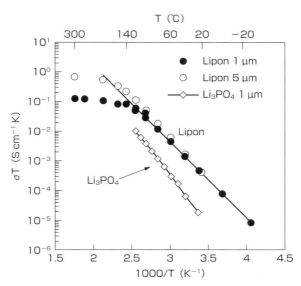

図4.32 LiponならびにLi$_3$PO$_4$薄膜のイオン伝導度

出典：X. H. Yu, J. B. Bates, G. E. Jellison, F. X. Hart, A stable thin-film lithium electrolyte: lithium phosphorus oxynitride, J. Electrochem. Soc., 144, 524 (1997)[8], with permission from ECS.

第4章 全固体電池の現状

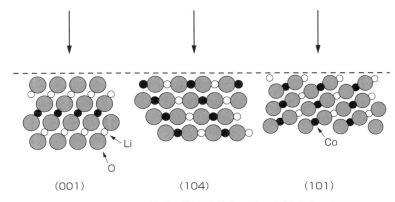

図 4.33 LiCoO$_2$ 薄膜の配向方位とイオン伝導方向の関係

出典:J. B. Bates, N. J. Dudney, B. J. Neudecker, F. X. Hart, H. P. Jun, and S. A. Hackney, Preferred orientation of polycrystalline LiCoO$_2$ films, *J. Electrochem. Soc.*, 147, 59 (2000)[10], with permission from ECS.

化する。おおよそのイオン伝導度は 2.3×10^{-6} S cm^{-1}、伝導の活性化エネルギーは 0.55 eV 前後である。この Lipon は金属リチウム電極に対して 0〜5.5 V の電位範囲で安定であるといわれており[8]、この高い安定性にともなって Lipon を使用した薄膜電池も極めて優れた特性を示す。

　Lipon を電解質層に用いた薄膜電池には、当初正極活物質に V$_2$O$_5$ や LiMn$_2$O$_4$ などの検討が行われたが[9]、その後はリチウムイオン電池の代表的な正極活物質 LiCoO$_2$ を採用したものが数多く報告されるようになった。LiCoO$_2$ も TiS$_2$ と同様に層状構造を持つ物質であり、リチウムイオンの拡散に異方性がある。図 4.33 には Lipon を固体電解質としたある薄膜電池作製時[10]にみられた代表的ないくつかの結晶配向を模式的に示したが、CoO$_2$ 層が基板に平行な (001) 配向ではリチウムが拡散しやすい方向と薄膜電池において電流の流れる方向が直交しており、リチウムイオンの挿入/脱離が円滑に行われにくく、(104)、(101) 配向と CoO$_2$ 層が基板に垂直に近づくにつれて電極特性は向上していくものと思われる。この薄膜電池においては、(101) ならびに (104) 配向が優先的にあ

122

4.2 薄膜電池

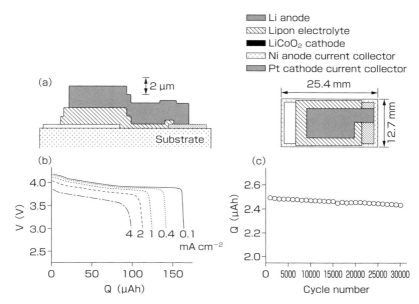

図 4.34 Li/Lipon/LiCoO$_2$ 薄膜電池の構造模式図（a）ならびにこの薄膜電池の出力特性（b）と充放電サイクル特性（c）

(b) 出典：J. B. Bates, N. J. Dudney, B. J. Neudecker, F. X. Hart, H. P. Jun, S. A. Hackney, Preferred orientation of polycrystalline LiCoO$_2$ films, J. Electrochem. Soc., 147, 59 (2000)[10], with permission from ECS.

(c) 出典：B. Wang, J. B. Bates, F. X. Hart, B. C. Sales, R. A. Zuhr, J. D. Robertson, Characterization of thin-film rechargeable lithium batteries with lithium cobalt oxide cathodes, J. Electrochem. Soc., 143, 3203 (1996)[11], with permission from ECS.

らわれる薄膜堆積条件を採用することにより、図 4.34 に示したように 2.5 μm の厚みの LiCoO$_2$ 層を正極とした薄膜電池において 1 平方センチメートル当たり数ミリアンペアの電流値での放電を可能としている。

また、全固体電池特有の長寿命も Li/Lipon/LiCoO$_2$ 薄膜電池において見事に示されており、図 4.34 c に示した充放電サイクル試験の結果では、1 サイクル当たりの容量低下率は 0.0001 %、すなわち 30000 回の充放電を繰り返したのちにも 97 %の容量を維持することが示されている[11]。

第4章　全固体電池の現状

表 4.5　薄膜電池の製品

商品名	容量密度	容量	面積	サイクル寿命	動作温度範囲
EnerChip	144 µAh cm^{-2}	50 µAh	5.7 mm ×6.1 mm =0.35 cm^2	5000 回	−40～ 70 ℃
EnFilm	150 µAh cm^{-2}	1 mAh	25.8 mm ×25.8 mm =6.66 cm^2	4000 回	−20～ 65 ℃
MEC101	155 µAh cm^{-2}	1 mAh	25.4 mm ×25.4 mm =6.45 cm^2	10000 回	−40～ 85 ℃
TF2525080	155 µAh cm^{-2}	1 mAh	25.4 mm ×25.4 mm =6.45 cm^2	10000 回	−20～ 120 ℃

　薄膜電池の研究は、固体電解質の低いイオン伝導性を補うために始まったものかもしれないが、現在では MEMS や不揮発メモリバックアップ、非接触 IC カードや IC タグなどの用途が開けており、さらに太陽電池や熱電変換素子などのエネルギーハーベスティングと組み合わせた工業用 IoT センサ用電源としての期待も高まっている。上記の技術的な成熟とこのような用途の拡大を背景に、いくつかの企業が薄膜電池を製品として売り出している。表 4.5 には現在入手可能ないくつかの薄膜電池の諸元をまとめたが、面積当たりの容量や出力電流などは電極の厚みをはじめとする電池設計により変化する。それに対して共通していることは全固体電池の特質である高い信頼性であり、いずれの薄膜電池も数千回以上の充放電が可能である。さらに、電解質が固体となることで広い温度範囲で動作可能となっており、特に高温においても動作が可能であるという点は、液体電解質系にはない大きな特徴である。

4.2 薄膜電池

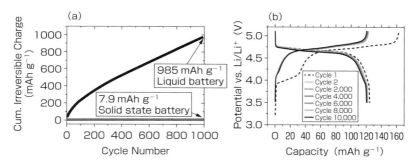

図 4.35　Li/LiNi$_{0.5}$Mn$_{1.5}$O$_4$ 電池の充放電サイクルにともなう不可逆容量の累積の様子（a）と Li/Lipon/LiNi$_{0.5}$Mn$_{1.5}$O$_4$ 薄膜電池の充放電サイクル特性（b）

出典：J. Li, C. Ma, M. Chi, C. Liang, N. J. Dudney, Solid electrolyte: the key for high-voltage lithium batteries, *Adv. Energy Mater.*, 5, 1401408 (2015)[12], with permission from John Wiley and Sons.

4.2.2　薄膜電池が示す全固体電池の可能性

　表 4.5 に列挙したように薄膜電池ではすでに商品化されたものも生まれており、薄膜電池は製品開発の段階に差し掛かったということができる。このようにバルク型電池に比べて早くから高い性能を発揮してきた薄膜電池は、常に全固体電池の可能性を実証してきた電池系でもある。図 4.34 に示された極めて低い容量低下率は、全固体電池の持つ長寿命を薄膜電池において実証したものであるが、電池の高エネルギー密度化につながる高電位正極の使用が可能であることを実証してきたものも薄膜電池である。

　副反応の生じにくい固体電解質中では、高電位正極や高容量負極などが使用可能となることはすでに述べたことであるが、一つの実例が**図 4.35** に示した LiNi$_{0.5}$Mn$_{1.5}$O$_4$ の充放電挙動である[12]。図 4.35a は、負極活物質として金属リチウム、正極活物質として LiNi$_{0.5}$Mn$_{1.5}$O$_4$ を用いた電池の充放電サイクルごとの充電電気量と放電容量の差を累積した値を示したものである。この中では、液体電解質として 1.2 M LiPF$_6$/EC-DMC

第４章　全固体電池の現状

を使用した電池と、固体電解質として Lipon を使用した薄膜電池の結果を比較しているが、液体電解質を使用した場合、$LiNi_{0.5}Mn_{1.5}O_4$ からのリチウムイオンの脱離反応が生じる 4.7 V の電位では電池の充電反応と電解質の酸化分解が同時に進行する。つまり、充電時に通じた電気量の一部は電解質の酸化分解に消費されるため、充電電気量に対して放電電気量は必ず小さなものとなる。電解質の酸化分解は、充放電の繰り返し特性を低下するものであることは言うまでもないが、充電電気量と放電電気量の差を累積すると図 4.35a に示したように 1 g の $LiNi_{0.5}Mn_{1.5}O_4$ に対して 1000 サイクル経過後の累積電気量は 985 mAh g^{-1} にも達する。この測定は金属リチウムを負極としたものであるためこのように大きな電気量が不可逆的に消費されても電池は動作するが、リチウムイオン電池のように炭素負極と組み合わせた場合、正負極の間を行き来するリチウムは $LiNi_{0.5}Mn_{1.5}O_4$ 中に含まれるリチウムのみであり、その量は $LiNi_{0.5}Mn_{1.5}O_4$ あたりで 145 mAh g^{-1} に相当する量にすぎない。図 4.35a の結果からすると、それに相当する電気量が消費されてしまうのは 50 サイクル前後のことであり、$LiNi_{0.5}Mn_{1.5}O_4$ を正極活物質としたリチウムイオン電池の充放電サイクル寿命が極めて短いものとなることがわかる。

　それに対して電解質として固体電解質（Lipon）を用いた薄膜電池の場合には、不可逆的に消費された電気量の総量は、1000 サイクル経過後も 7.9 mAh g^{-1} にとどまっており、5 V 級正極表面で電解質の酸化分解がほとんど生じていないことがわかる。その結果、この Li/Lipon/$LiNi_{0.5}Mn_{1.5}O_4$ 薄膜電池は極めて高いサイクル特性を持ち、図 4.35b に示したように 10000 サイクル経過後も充放電曲線はほとんど変化せず、容量低下もほぼ認められない。

　$LiNi_{0.5}Mn_{1.5}O_4$ 正極は固体電解質の耐酸化性の高さを生かした例であるが、高い耐還元性も固体電解質の優れた特質である。表 4.4 に示した薄膜電池の負極活物質はほとんどの場合金属リチウムである。金属リチウムは極めて低い電位を示す上に 3860 mAh g^{-1} もの理論容量密度を有

126

する究極の負極活物質材料である。これらの結果は、このような電池の高エネルギー密度を約束する負極活物質が利用可能であることを示すものであるが、さらに薄膜電池ではこの金属リチウムすら不要であることが示されている[13]。

Li/LiCoO$_2$ 構成の電池を充電すると正極の LiCoO$_2$ からはリチウムイオンが脱離し、一方の負極では電解質中のリチウムイオンが還元されて金属リチウムの析出が起こる。放電時の正極では、リチウムイオンが脱離した Li$_{1-x}$CoO$_2$ にリチウムイオンが挿入されていくが、その挿入量は充電時に負極で析出した金属リチウム量に等しいはずであり、理論的には完全放電時の負極に金属リチウムは必要ないことになる。すなわち、充電反応を左から右に Li/LiCoO$_2$ 電池における反応式を書くと、

$$正極反応：LiCoO_2 \ \rightleftarrows \ Li_{1-x}CoO_2 + xLi^+ + xe^-$$
$$負極反応：Li^+ + e^- \ \rightleftarrows \ Li$$
$$全反応：LiCoO_2 + null \ \rightleftarrows \ Li_{1-x}CoO_2 + xLi$$

となり、放電時あるいは電池を作製した状態では負極に金属リチウムが存在しなくてもよいことになる。

しかしながら、有機溶媒電解質は通常金属リチウム電位までの耐還元性を持たず、電解質が還元分解した SEI 層が金属リチウム表面を被覆することで還元分解の継続を抑止している。したがって、充電時に析出する金属リチウムの一部分は SEI の形成で消費されることになり、充放電の繰り返し寿命を確保しようとすると、それに見合う過剰の金属リチウムが必要となる。そのため、有機溶媒電解質中では高い理論容量密度を活かしきることができないが、高い耐還元性を持つ固体電解質ではそれが可能となる。

図 4.36 は、負極に金属リチウムを使用せず、金属銅の集電体のみとした薄膜電池と、従来通り金属リチウムを用いた薄膜電池の充放電曲線を

第4章 全固体電池の現状

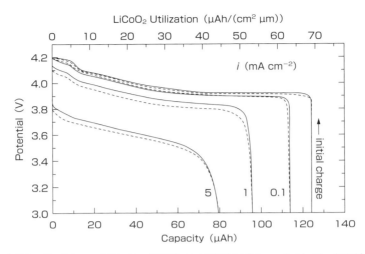

図4.36 Cu/Lipon/LiCoO$_2$（実線）ならびにLi/Lipon/LiCoO$_2$（破線）の充放電曲線

出典：B. J. Neudecker, N. J. Dudney, J. B. Bates, "Lithium-free" thin-film battery with in situ plated Li anode, *J. Electrochem. Soc.*, 147, 517 (2000)[13], with permission from ECS.

比較したものであるが、いずれの薄膜電池も100％のクーロン効率を示すうえに両者の充放電曲線は見事に一致している。この結果は、固体電解質（Lipon）中で副反応をともなうことなく金属リチウムの析出/溶解反応が進行していることを示すものであり、固体電解質とリチウムを含有する正極活物質を組み合わせると、電池構成時に金属リチウムを使用しない「リチウム・フリー」の全固体リチウム電池が実現する。

無論、金属リチウム負極の理論容量密度が高いということは、逆に電池から金属リチウム負極を取り去ってもそれにともなう電池のエネルギー密度の向上はあまり大きなものではないということを意味するものでもある。しかしながら、薄膜電池から金属リチウム負極を取り除く重要性は別のところにある。

薄膜電池をはじめとする小型の全固体電池に期待される用途としては、

4.2 薄膜電池

表4.6 薄膜電池の電荷移動抵抗と活性化エネルギー

正極活物質	電解質	R_i (Ω cm^2)	E_a (eV)	参考文献
LiCoO$_2$	Lipon	8.6	0.38	14)
LiCoO$_2$	1 M LiClO$_4$/PC	25	0.64	15)
LiNi$_{0.5}$Mn$_{1.5}$O$_4$	Li$_3$PO$_4$	7.6	0.31	16)

半導体チップとの集積化が挙げられる。表面実装部品を基板にはんだ付けする際にはリフローはんだ付けをするが、その時のリフロー炉の温度は通常250℃前後である。それに対して金属リチウムの融点は180℃であり、電池が金属リチウムを構成部材として含む限り、このようなリフロー対応は困難である。電池構成時の負極を銅の集電体のみとしたこの薄膜電池の特性は、リフローに対応した全固体電池の可能性を示すものである。

　以上の高電位正極、リチウム・フリー負極は、電気化学的分解を受けにくいという固体電解質の特質がエネルギー密度の向上につながることを実証するものである。対して、出力密度の向上に資すると考えられる全固体電池の特徴としては、液体電解質系において電池反応速度の律速過程となる脱溶媒和過程や塩濃度の不均一化が起こらないことが挙げられる。後者については全固体電池においては限界電流の挙動がみられないことをすでに述べたが、前者についても薄膜電池を用いることにより固体電解質中におけるリチウムイオンの挿入/脱離に対する反応障壁が液体系よりも低いことが示されている。

　材料表面の変質を引き起こす懸念のある大気暴露を避け、大気非暴露の状態でLiponとLiCoO$_2$の界面を形成すると、その界面における電荷移動抵抗は8.6 Ω cm^{2}の低い値を示す[14]。この電荷移動抵抗の温度依存性から、リチウムイオンの挿入/脱離に対する障壁の高さである活性化エネルギーを見積もると0.38 eVであり、これらの値は有機溶媒電解質（1 M LiClO$_4$/PC）中における25 Ω cm^2、0.64 eV[15]に比べて十分に低く、

129

第4章　全固体電池の現状

脱溶媒和過程のない固固界面が固液界面に比べて高速な電極反応を示すことがわかる。また、さらに正極が5V近い電位を示す高電位正極となると、液体電解質では電解質の酸化分解がこれに加わり、さらにリチウムイオンの挿入/脱離に対する抵抗は高いものとなる。固体電解質中では酸化分解反応が進行せず、5V正極が安定に動作することは上記のとおりであるが、$LiNi_{0.5}Mn_{1.5}O_4/Li_3PO_4$[16]界面について調べられた際の抵抗値も $7.6\,\Omega\,cm^2$ と小さな値となっている。

文献

1) K. Kanehori, K. Matsumoto, K. Miyauchi, T. Kudo, Thin film solid electrolyte and its application to secondary lithium cell, *Solid State Ionics*, 9&10, 1445 (1983).

2) K. Kanehori, Y. Ito, F. Kirino, K. Miyauchi, T. Kudo, Titanium disulfide films fabricated by plasma CVD, *Solid State Ionics*, 18&19, 818 (1986).

3) G. Meunier, R. Dormoy, A. Levasseur, New positive-electrode materials for lithium thin film secondary batteries, *Mater. Sci. Eng. B*, 3, 19 (1989).

4) H. Ohtsuka, J. Yamaki, Electrical characteristics of $Li_2O-V_2O_5-SiO_2$ thin films, S*olid State Ionics*, 35, 201 (1989).

5) S. D. Jones, J. R. Akridge, A thin film solid state microbattery, *Solid State Ionics*, 53-56, 628 (1992).

6) S. D. Jones, J. R. Akridge, A microfabricated solid-state secondary Li battery, *Solid State Ionics*, 86-88, 1291 (1996).

7) J. B. Bates, N. J. Dudney, G. R. Gruzalski, R. A. Zuhr, A. Choudhury, C. F. Luck, J. D. Robertson, Fabrication and characterization of amorphous lithium electrolyte thin films and rechargeable thin-film batteries, *J. Power Sources*, 43-44, 103 (1993).

8) X. Yu, J. B. Bates, G. E. Jellison, F. X. Hart, A stable thin-film lithium electrolyte: lithium phosphorus oxynitride, *J. Electrochem. Soc.*, 144, 524

（1997）.

9） J. B. Bates, N. J. Dudney, D. C. Lubben, G. R. Gruzalski, B. S. Kwak, X. Yu, R. A. Zuhr, Thin-film rechargeable lithium batteries, *J. Power Sources*, 54, 58（1995）.

10） J. B. Bates, N. J. Dudney, B. J. Neudecker, F. X. Hart, H. P. Jun, S. A. Hackney, Preferred orientation of polycrystalline $LiCoO_2$ films, *J. Electrochem. Soc.*, 147, 59（2000）.

11） B. Wang, J. B. Bates, F. X. Hart, B. C. Sales, R. A. Zuhr, J. D. Robertson, Characterization of thin-film rechargeable lithium batteries with lithium cobalt oxide cathodes, *J. Electrochem. Soc.*, 143, 3203（1996）.

12） J. Li, C. Ma, M. Chi, C. Liang, N. J. Dudney, Solid electrolyte: the key for high-voltage lithium batteries, *Adv. Energy Mater.*, 5, 1401408（2015）.

13） B. J. Neudecker, N. J. Dudney, J. B. Bates, "Lithium-free" thin-film battery with in situ plated Li anode, *J. Electrochem. Soc.*, 147, 517（2000）.

14） M. Haruta, S. Shiraki, T. Suzuki, A. Kumatani, T. Ohsawa, T. Takagi, R. Shimizu, T. Hitosugi, Negligible "negative space-charge layer effects" at oxide-electrolyte/electrode interfaces of thin-film batteries, *Nano Lett.*, 15, 1498（2015）.

15） Y. Iriyama, T. Kato, C. Yada, T. Abe, Z. Ogumi, Reduction of charge transfer resistance at the lithium phosphorus oxynitride/lithium cobalt oxide interface by thermal treatment, *J. Power Sources*, 146, 745（2005）.

16） H. Kawasono, S. Shirai, T. Suzuki, R. Shimizu, T. Hitosugi, Extremely low resistance of Li_3PO_4 electrolyte/$Li(Ni_{0.5}Mn_{1.5})O_4$ electrode interface, *ACS Appl. Mater. Interfaces*, 10, 27498（2018）.

第5章

全固体電池材料の評価法

第5章 全固体電池材料の評価法

　全固体電池の構成部材は全てが固体であり、それらの材料の評価には固体材料の解析に用いられる一般的な手法が適用される。新しい電池システムではあるが、その本質や性能を理解するためには、基礎的な材料の評価手法や電気化学測定法を学んでおくことが重要である。本章では、特に頻繁に用いられる代表的な測定について解説する。もちろん、電子顕微鏡や放射光、NMR、中性子などを使った詳細な構造解析、各種分光法の応用も重要であるため、詳細は各専門書を参考頂きたい。

5.1　材料合成

　はじめに、全固体電池の重要な構成材料である固体電解質の合成について簡単に説明する。酸化物系の電解質合成については、リチウム電池の活物質合成法を参考にすることができるため、ここでは特に重要な硫化物系固体電解質の合成例を紹介する。図 5.1 に代表的な固体電解質と

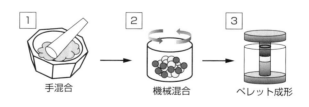

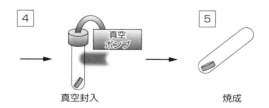

図 5.1　$Li_{10}GeP_2S_{12}$ の合成プロセスの概要

して、$Li_{10}GeP_2S_{12}$ の合成プロセスを示す[1]。はじめにアルゴン雰囲気に制御したグローブボックス内で Li_2S、GeS_2、P_2S_5 を化学量論比で秤量し、乳鉢で5分ほど手混合を行う。その後、遊星型ボールミルや、振動ミルを用いて機械混合を行う。試料はグローブボックス内で密閉容器に封じて、大気との接触を防ぐことが重要である。また、粉砕容器や粉砕ボール、ロッドの材質はジルコニア、メノウ、アルミナなど、目的に応じて使い分ける。機械混合処理は出発物質の混合、微粒子化であれば数時間で十分なこともあるが、出発物質の完全なガラス化、摩砕反応を目的とする場合は数十時間処理することが必要である。このようにして得られた粉末をペレット成型器で押し固める。固相反応の反応性、材料の焼結性を向上させることが主たる目的である。その後、石英管にペレットを真空封入法によって封じる。硫化物材料は一般に蒸気圧が高いため、開放系の合成では組成ずれが起きる可能性がある。目的温度で焼成した後に室温付近まで冷却し、石英管をグローブボックス内で割り、目的サンプルを取り出す。このような合成において、出発物質の組成、機械混合の手法、時間、回転速度、さらには焼成の温度、時間、冷却の速度を合成パラメーターとして検討し、目的の材料が得られるかどうかを検討していく。

5.2　X線回折法

　電極活物質、固体電解質など、多くの結晶性材料が用いられており、その評価に用いられるのがX線回折法である。電極活物質に対する測定や、そこから得られる知見については液系のリチウム電池とほぼ同様であるため、本節では固体電解質材料での評価例に絞って説明する。この手法は、結晶構造、格子定数、結晶子サイズなどを調べるために用いられる。これらの情報は電解質材料のイオン導電率と密接に関係するため

第5章 全固体電池材料の評価法

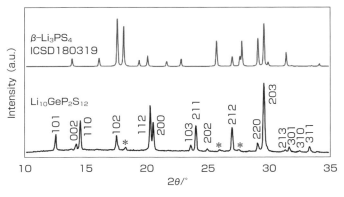

図 5.2 Li$_{10}$GeP$_2$S$_{12}$ の X 線回折図形

重要である。図 5.2 に固相合成によって得られた固体電解質 Li$_{10}$GeP$_2$S$_{12}$ の X 線回折図形を示す。この材料は空間群 $P4_2/nmc$ であることがわかっているため、指数のついていないピークの存在は不純物相の混在を示唆している[2]。例えば無機結晶構造データベース（ICSD）に収録された既知物質と照らし合わせることで、含まれる不純物相が β-Li$_3$PS$_4$ であることがわかる。こういった不純物の生成によって、イオン導電率は Li$_{10}$GeP$_2$S$_{12}$ 単相と比較すると低下する。また、X 線回折データをリートベルト法によって解析すれば、格子定数、原子座標、格子歪みなどが明らかになるため、材料のイオン導電率と結晶構造の相関についても考察を与えることができる[3]。さらに中性子回折データと組み合わせて解析することで、軽元素であるリチウムの情報が得られるため、イオン拡散機構の解析も行える[1]。また、固体電解質は電極複合体作製時に混合プロセスを経ることとなるが、その過程における結晶性変化を追跡することもできる。図 5.3 に Li–Ge–P–S 系のチオリシコン材料の X 線回折図形とイオン導電率を示す。機械混合による処理時間の増大にともない、X 線回折のピークがブロードとなり結晶性が低下する。これにともなって、各処理時間におけるイオン導電率は低下する。結晶性の固体電解質は組

136

5.2 X線回折法

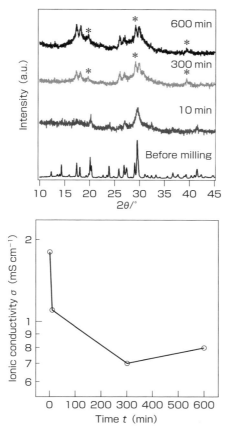

図 5.3 機械処理混合時間を変えた Li–Ge–P–S 系チオリシコン材料の X 線回折図形と各時間におけるイオン導電率

成、構造を緻密に制御することで、高イオン導電特性を発現させているため、一般に結晶性の低下は導電特性を劣化させる。そのため、電極活物質や導電助材などと複合化中に電解質の結晶性を低下させない混合プロセスや最適条件を見つけることが、電池性能の向上には必要であり、乾式法、湿式法、コーティング法など様々な手法が検討されている。

5.3 熱分析

熱重量測定、示唆熱分析、示唆走査熱量測定などにより、材料の結晶化温度、融点、ガラス転移点、沸点などを解析する。物理化学の極めて基礎的な手法であるが、これらの測定は材料の安定性を判断することや、結晶化温度、相転移温度の情報を使って合成最適温度などを決定する際に役立つ。また、X線回折測定などの手法を組み合わせると相生成図を作成することができ、相関係の理解、新しい材料発見の方向性選定などに役立つ情報が得られる。一例としてLi_4GeS_4–Li_3PS_4の連結線上における相生成図を示す（図5.4)[4]。$(1-k)Li_4GeS_4 + kLi_3PS_4$の組成に従い、各組成で示唆熱分析測定を行い発熱反応、吸熱反応が観測された温度をプロットしていく。そして、各組成の室温および各温度で有する結晶構造の情報、電子顕微鏡観察を使った微細構造の評価を組み合わせることで、図示されたような相図が完成する。この相図を読み解くと、超イオン導

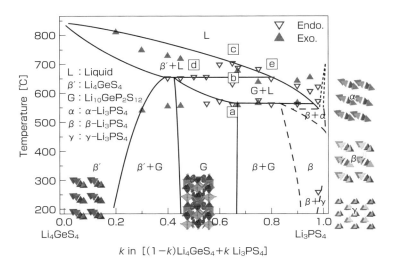

図5.4　Li_4GeS_4–Li_3PS_4系の相生成図

電材料である $Li_{10}GeP_2S_{12}$ は $0.55 \leq k \leq 0.67$ の組成範囲で、550 ℃以下で固相反応を行うことによって得られることがわかる。一方で、この組成範囲からずれた場合、β'–Li_4GeS_4 もしくは β–Li_3PS_4 との混相となる。また、$0.55 \leq k \leq 0.67$ の組成範囲であっても焼成温度をより高く設定した場合は、$Li_{10}GeP_2S_{12}$ は分解溶融するため、冷却後に $Li_{10}GeP_2S_{12}$ の単相を得ることは難しい。また、Li_3PS_4 は温度によって相変態を示すのに対し、Li_4GeS_4 は多系が存在しないということも見てとれる。こういった情報を見ながら新物質は探索される。

5.4 Raman 分光法

全固体電池の固体電解質や電極活物質には、長周期の規則構造を持たない非晶質材料も用いられる。また、材料合成の項でも述べたように結晶性材料を合成するための前駆体処理のプロセスで非晶質化が重要となる場合もある。これらの材料の構造は X 線や中性子回折測定では評価が困難であるため、Raman 分光法が用いられることが多い。Raman 分光法は結晶性材料の結晶化度評価にも用いられるが、化学結合状態を調べることができるため、周期構造を持たない非晶質材料へ適応可能である。例えば、ガラスやガラスセラミック材料に含まれる骨格構造の単位ユニットを明らかにすることができる[5]。そのため、X 線回折測定では困難な機械混合中に進行する反応の詳細を解析することができる[6),7)]。**図 5.5**に示す例では、機械混合法によって作製した、硫黄、Li–Ge–P–S 系チオリシコン、アセチレンブラックからなる正極複合体の反応について調べている。機械混合プロセス中に Li–Ge–P–S 系チオリシコンと硫黄が反応し、$350\,cm^{-1}$ 付近に PS_4 や GeS_4 には帰属されない構造ユニットを特徴付けるピークが出現することがわかる。この複合体を放電してリチウムを導入すると、$350\,cm^{-1}$ 付近のピークは消失する。さらに充電してリチ

第5章　全固体電池材料の評価法

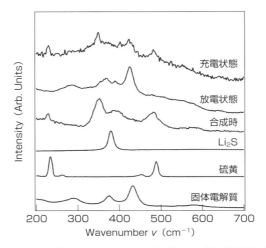

図 5.5　硫黄と Li-Ge-P-S 系固体電解質を機械混合した正極複合体の Raman スペクトル

ウムを脱離させると再度ピークが出現することがわかる。つまり、新しい構造ユニットが複合体中で充放電反応に寄与することを意味している[7]。近年研究が盛んである硫化物系固体電解質の液相合成においては、溶液中での構造単位を同定することなどに使われ、その役割は多岐にわたっている[8]。もちろん、X線回折、X線光電子分光、X線吸収分光などの手法と組み合わせることでさらに詳細な構造情報が得られることは忘れてはいけない。

5.5　交流インピーダンス法

　固体電解質のイオン導電率評価に広く用いられるのが交流インピーダンス法であり、全固体電池の反応律速を見定めるためにも使われる。一般的には圧粉成形した固体電解質の両面に金、カーボン、ステンレスなどの集電体を密着させ、対称セルを作成して測定する。10〜50 mV 程度

の交流電圧をセルに印加し、その応答を調べる。交流インピーダンス法は様々な時定数の物理現象に対するスペクトル分析を可能にする。具体的には、観測された応答に対して電気回路（等価回路）を仮定しその物理的な意味を解釈する。詳細は電気化学の専門書を参考にして頂きたい。全固体電池関連材料の場合は抵抗成分として、粒内（バルク）の抵抗 R_b、粒界の抵抗 R_{gb}、電解質/電極界面抵抗 R_{ei} が存在する。直流電圧を加えた場合はこれらの抵抗成分を足し合わせたものが観測対象の全抵抗として観測される。しかし、交流電圧を加えた場合は、各成分固有の時定数（緩和時間）が異なることを利用して、それぞれの成分を分離した形で観測することができる。そのため、それぞれ別々の周波数応答が現れる。広く用いられている等価回路においては、それぞれの抵抗成分に容量成分が並列に接続された RC 並列回路が仮定される。それぞれの成分に対応する容量を幾何学的容量（バルク容量）C_g、粒界相容量 C_{gb}、電気二重層容量 C_{dl} と呼び、一般的に $C_g : 10^{-12}$ F、$C_{gb} : 10^{-9}$ F、$C_{dl} : 10^{-6}$ F 程度の値を示すことが知られている。RC 並列回路は複素インピーダンス平面内に円弧として観測され、容量が小さいほど応答速度が速くなるため、高周波数側から粒内、粒界、電解質/電極界面の成分が分離して観測される。この円弧の直径から各抵抗成分の値を算出することができる。この手法は固体電解質単体だけでなく、全固体電池の抵抗成分の帰属にも応用可能である。また得られた抵抗値からイオン導電率を算出し、その温度依存性を調べることで、各抵抗成分に帰属される活性化エネルギーを見積もることもできる。**図 5.6** には、一例として $Li_{10}GeP_2S_{12}$ 固体電解質のデータを示す。27℃でのデータを見ると、高周波領域に円弧の終端部分、低周波領域に電極に由来するスパイクが観測できる。$Li_{10}GeP_2S_{12}$ のようなイオン導電率が高く、かつ粒界抵抗が小さい材料の場合、10 MHz 以上の高周波領域までノイズなく測定しないことには、バルク成分と粒界成分の分離は困難である。こういった場合はスパイクの立ち上がりを直線に近似して、x 軸（Z' 成分）との交点における抵抗

第5章 全固体電池材料の評価法

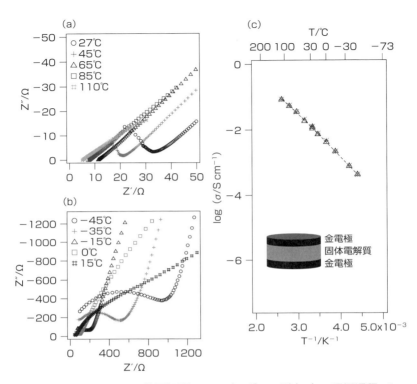

図 5.6 Li$_{10}$GeP$_2$S$_{12}$ 固体電解質のインピーダンス測定（a：昇温過程、b：降温過程）とイオン導電率のアレニウスプロットの例（c）

値を読み取り、その値からイオン導電率を見積もることができる。この場合は、バルクと粒界の両方の成分を含んだイオン導電率として取り扱うことになる。−45℃まで温度を下げると円弧の形状がはっきりと確認されるが、円弧の分離はやはり困難である。こうして求めたイオン導電率の対数を、温度の逆数に対してプロットした図5.6cを見ると、その直線近似の傾きから、24 kJ mol^{-1} の活性化エネルギーが算出できる。

次に全固体電池に対する測定の例として、正極にLiNbO$_3$を被覆したLiCoO$_2$とLi$_{10}$GeP$_2$S$_{12}$のコンポジット、固体電解質にLi$_{10}$GeP$_2$S$_{12}$、負極にIn-Li合金を用いた全固体電池の交流インピーダンススペクトルを示

5.5 交流インピーダンス法

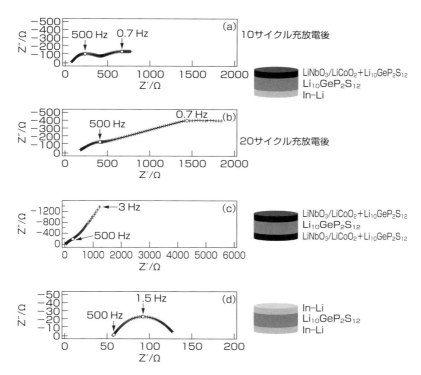

図 5.7 Li$_{10}$GeP$_2$S$_{12}$ 固体電解質を用いた全固体電池セルのインピーダンス測定の例

す（**図 5.7**）[9]。高周波数（～500 Hz）および低周波数（～1 Hz）にそれぞれ半円が観測され，充放電を繰り返すことによって定周波数領域の円弧が大きくなり抵抗が増大したことがわかる。この半円の帰属のため，正極/固体電解質/正極，負極/固体電解質/負極の対称セルを作製しインピーダンス測定を行っている。正極で高周波数，負極で低周波数領域に半円が観測されているため，低周波数の半円は負極側に帰属することができる。このようにして，全固体電池の充放電反応中に抵抗が増大したのは負極側であることを確かめることができる。こういった測定は非破壊で行えるため，電池劣化の見極めに有用である。

143

5.6 サイクリックボルタンメトリー

　固体電解質の電気化学安定性（電位窓）の評価に広く用いられるのがサイクリックボルタンメトリーである。また、全固体電池の電気化学活性を調べる初期のスクリーニングなどにも使われる。一般的には、圧粉成形した固体電解質の片面にリチウム金属を参照極（対極）として取り付け、もう一面に金やステンレスなどの集電体を密着させ、非対称セルを作製して測定する。目的にもよるが、−0.5〜5 V（vs. Li/Li$^+$）程度の電圧範囲で電圧を走査し、その際の応答電流を検出する。図 5.8 に Li-Sn-Si-P-S 系固体電解質のサイクリックボルタモグラムを示す[10]。電圧

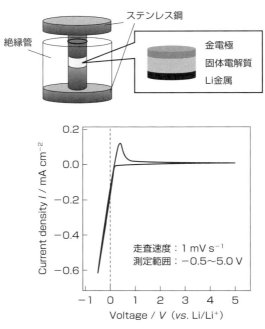

図 5.8　Li-Sn-Si-P-S 系固体電解質のサイクリックボルタモグラム測定の例

範囲 0.5～5 V では酸化還元電流は観測されず、電気化学的に安定である
ことがわかった。低電位方向への走査時に 0.5 V 付近から還元電流が観
測され、その後高電位方向への走査時に酸化電流が観測された。これは、
一部電解質の分解と金電極上でのリチウムの析出/溶解反応に対応して
おり、電解質は 0.5～5 V（vs. Li/Li$^+$）の範囲で高い安定性を有すること
がわかった。したがって、この電位範囲で酸化還元反応を示す正極・負
極の組み合わせであれば、Li–Sn–Si–P–S 系固体電解質を用いた全固体
電池が動作することがわかる。実際には合材電極を作って、全固体電池
として電気化学性能を評価することがもちろん必要であるが、このよう
に、合成した電解質の安定性が簡易的に評価できるため基礎的ではある
が重要な評価法として広く使われている。

　また同様のセル構成を使って電子伝導性の評価も行われる。ここでは
リチウム電極がノンブロッキング電極、金電極がブロッキング電極とし
て機能する。固体電解質は純粋なイオン導電体である必要があるので、
電子（ホール）伝導度はイオン導電率に比べて充分低くないといけない。
これらの値の算出には Hebb–Wargner 法が使われる。対象とするセル
にてリチウム極に対して電圧を印加したときの電流応答を調べることで、
電子、ホールそれぞれの伝導度がわかる。例えば Li$_{10}$GeP$_2$S$_{12}$ の場合では、
その和は 5.7×10^{-9} S cm^{-1} と求まる。この値はイオン導電率（1.2×10^{-2}
S cm^{-1}）と比べて無視できるほど小さいため、純粋なイオン導電体であ
り全固体電池用の固体電解質として使用できることがわかる。

5.7　充放電試験

　作製した全固体電池の性能評価に用いられるのが充放電試験である。
セパレーター電解質、合材電極など様々な情報を得ることができる。硫
化物系のバルク型全固体電池においては、圧粉成形した固体電解質のペ

第 5 章 全固体電池材料の評価法

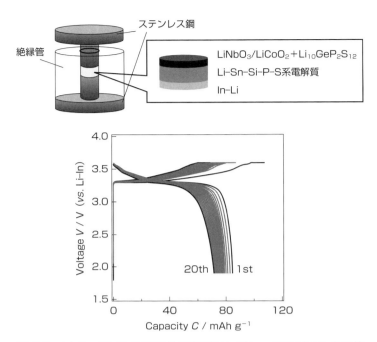

図 5.9 Li–Sn–Si–P–S 系固体電解質をセパレータに用いた全固体電池セルの充放電測定の例

レットの片面に合材電極粉末を圧着させ、その後、対極として Li–In などの合金を圧着させた半電池を作ることが一般的である（図 5.9）。合材電極には電極活物質、固体電解質、導電助剤が含まれることが一般的であり、評価時にはその重量比率や混合方法を選択して、再現性の高い合材作製プロセスを確立することが必要である。

　もちろん正極・負極共に合材電極を用いたフルセル形式の評価も行われる。集電体としてはリチウムイオン電池を踏襲して、正極にアルミニウム、負極に銅が用いられることが多い。対極に対して作動させる電圧範囲を設定し、合材電極中の活物質重量を基準として充放電レート（電流密度）を決定する。合材電極 10 mg 中に理論容量 137 mAh g^{-1} の活物質、7 mg が充填されている場合、A＝C s^{-1} のため理論容量は 137

$(\text{mAh g}^{-1}) \times 0.007\,(\text{g}) \times 3600\,(\text{s}) = 3452.4\ \text{mC}$ となる。この合材電極を 1 時間で充電する際の電流値（1C レート）は $3452.4\,(\text{mC})/3600\,(\text{s}) = 0.959\ \text{mA}$ となる。この場合の電極面積が $1\ \text{cm}^2$ であれば、電流密度は $0.959\ \text{mA cm}^{-2}$ となる。このようにして充放電の速度は決定される。この 1C レートを基準としてどのぐらいの速度で充電、放電させるかを設定し、その入出力特性やサイクル性能が評価される。また、充放電試験結果は電位（V vs. 対極、参照極）を縦軸、容量（mAh g^{-1}）を横軸として表示した充放電曲線が一般的であるが、実容量をサイクル数や充放電レートに対してプロットした図もよく見られる。また、充放電試験は主に定電流モード（CC）と定電流定電圧モード（CCCV）がある。後者の場合、一定の電流で充電・放電を行い一定の目的の電圧まで達した後に定電圧モードに切り替えて、一定の保持時間電圧を維持するか、電流値の減衰を待ってから、逆方向に電流を流す。この手法は分極によって利用できなくなっている活物質利用率を上げること、電解質の断続的な分解を避けることが目的であり、液系のリチウムイオン電池の評価においても一般的に用いられている。

5.8　全固体電池内部の解析

　ここでは全固体リチウム電池に用いられる、電極複合体に対する解析技術の開発例を紹介する。電極複合体はエネルギーを溜める活物質、電子伝導を担うカーボン材料およびイオン伝導を担う固体電解質からなる混合粉末である。そのため、粒子の分散の度合いや、密着度、体積比率が電池性能に直結する。また、複合体内の反応分布も同様に電池性能と密接な関係があり、電池劣化の判断材料となる。複合体構造を明らかにする手法としては、電子顕微鏡（SEM）とエネルギー分散型 X 線分析（EDX）を組み合わせるのが一般的である。その一例を**図 5.10** に示す[11]。

第5章 全固体電池材料の評価法

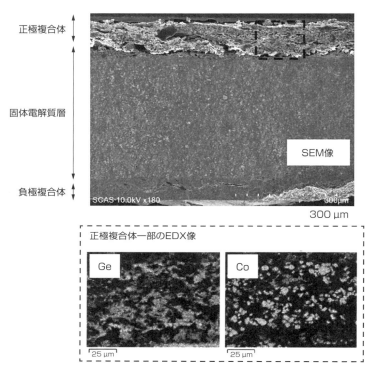

図 5.10 Li$_{10}$GeP$_2$S$_{12}$ 固体電解質を用いた全固体電池セルの断面 SEM/EDX 観察の例

この例では正極:Co 系活物質と Li$_{10}$GeP$_2$S$_{12}$ の複合体、固体電解質:Li$_{10}$GeP$_2$S$_{12}$、負極:Ti 系活物質と Li$_{10}$GeP$_2$S$_{12}$ の複合体、という構成の全固体電池の断面観察を行っている。

観察全体の SEM 像からは正極、固体電解質、負極複合体の厚みを知ることができ、内部に存在するクラックなどを見つけることができる。また電池反応前後の状態を比べれば、電池内部構造の変化が明確になる。一方で、EDX 観察からは元素の分布情報を知ることができるので、複合体内の混合状態について知ることができる。さらにこういった手法に Raman 分光を組み合わせることで、複合体内の反応分布もわかる[12]。ま

た、画像認識により各データを分類し、数値解析することでモデル化、電池性能との相関解明といった展開も期待されている[13]。

文献

1) O. Kwon, M. Hirayama, K. Suzuki, Y. Kato, T. Saito, M. Yonemura, T. Kamiyama, R. Kanno, Synthesis, structure, and conduction mechanism of the lithium superionic conductor $Li_{10+\delta}Ge_{1+\delta}P_{2-\delta}S_{12}$, *Journal of Materials Chemistry A*, 3, 438（2015）.

2) N. Kamaya, K. Homma, Y. Yamakawa, M. Hirayama, R. Kanno, M. Yonemura, T. Kamiyama, Y. Kato, S. Hama, K. Kawamoto, A. Mitsui, A lithium superionic conductor, *Nat. Mater.*, 10, 682（2011）.

3) S. Hori, K. Suzuki, M. Hirayama, Y. Kato, T. Saito, M. Yonemura, R. Kanno, Synthesis, structure, and ionic conductivity of solid solution, $Li_{10+\delta}M_{1+\delta}P_{2-\delta}S_{12}$（M = Si, Sn）, *Faraday Discuss.*, 176, 83（2014）.

4) S. Hori, M. Kato, K. Suzuki, M. Hirayama, Y. Kato, R. Kanno, Phase diagram of the Li_4GeS_4–Li_3PS_4 quasi–binary system containing the superionic conductor $Li_{10}GeP_2S_{12}$, *J. Am. Ceram. Soc.*, 98, 3352（2015）.

5) F. Mizuno, A. Hayashi, K. Tadanaga, M. Tatsumisago, High lithium ion conducting glass–ceramics in the system Li_2S–P_2S_5, *Solid State Ionics*, 177, 2721（2006）.

6) T. Takeuchi, H. Kageyama, K. Nakanishi, T. Ohta, A. Sakuda, H. Sakaebe, H. Kobayashi, K. Tatsumi, Z. Ogumi, Rapid preparation of Li_2S –P_2S_5 solid electrolyte and its application for graphite/Li_2S all–solid–state lithium secondary battery, *ECS Electrochemistry Letters*, 3, A31（2014）.

7) K. Suzuki, D. Kato, K. Hara, T.–a. Yano, M. Hirayama, M. Hara, R. Kanno, Composite sulfur electrode prepared by high–temperature mechanical milling for use in an all–solid–state lithium–sulfur battery with a $Li_{3.25}Ge_{0.25}P_{0.75}S_4$ electrolyte, *Electrochim. Acta*, 258, 110（2017）.

8) S. Teragawa, K. Aso, K. Tadanaga, A. Hayashi, M. Tatsumisago, Liquid–

第 5 章　全固体電池材料の評価法

phase synthesis of a Li_3PS_4 solid electrolyte using N−methylformamide for all−solid−state lithium batteries, *Journal of Materials Chemistry A, 2,* 5095（2014）.

9) W. J. Li, M. Hirayama, K. Suzuki, R. Kanno, Fabrication and electro-chemical properties of a $LiCoO_2$ and $Li_{10}GeP_2S_{12}$ composite electrode for use in all−solid−state batteries, *Solid State Ionics,* 285, 136（2016）.

10) Y. Sun, K. Suzuki, S. Hori, M. Hirayama, R. Kanno, Superionic conduc-tors: $Li_{10+\delta}[Sn_ySi_{1-y}]_{1+\delta}P_{2-\delta}S_{12}$ with a $Li_{10}GeP_2S_{12}$−type structure in the Li_3PS_4−Li_4SnS_4−Li_4SiS_4 quasi−ternary system, *Chem. Mater.,* 29, 5858（2017）.

11) K. Yoshino, K. Suzuki, Y. Yamada, T. Satoh, M. Finsterbusch, K. Fujita, T. Kamiya, A. Yamazaki, K. Mima, M. Hirayama, R. Kanno, Lithium dis-tribution analysis in all−solid−state lithium battery using microbeam particle−induced X−ray emission and particle−induced gamma−ray emis-sion techniques, *International Journal of PIXE,* 1850002（2018）.

12) M. Otoyama, Y. Ito, A. Hayashi, M. Tatsumisago, Raman spectroscopy for $LiNi_{1/3}Mn_{1/3}Co_{1/3}O_2$ composite positive electrodes in all−solid−state lithium batteries, *Electrochemistry,* 84, 812（2016）.

13) Y. Ito, S. Yamakawa, A. Hayashi, M. Tatsumisago, Effects of the micro-structure of solid−electrolyte−coated $LiCoO_2$ on its discharge properties in all−solid−state lithium batteries, *J. Mater. Chem. A,* 5, 10658（2017）.

第6章

全固体電池の展望

第６章　全固体電池の展望

　本書では、全固体電池の開発の歴史から現在までを俯瞰してきた。ま
た、今日において全固体電池の実現が強く望まれるようになった背景と、
それに応えることのできる電池系としての全固体電池の特徴についても
紹介し、そこでは大型のリチウムイオン電池の必要性が高まったことが
全固体電池の研究を後押しする大きな駆動力となっていることを示した。
さらに電池の需要が多様化する現在において、全固体電池の活躍が期待
される場も確実に広がっていると言うことができる。

　現在、全固体電池の用途として最も注目されているものが電気自動車
をはじめとする車載用途である。車載用途においても大型化が引き起こ
すリチウムイオン電池の課題を解決しなければならないことは当然であ
るが、それに加えて車載用途では自動車内部の限られた空間に電池を搭
載する必要があり、体積当たりのエネルギー密度が特に重要視される。
全固体化は、安全装置の簡素化やバイポーラ構造の採用を可能とし、体
積エネルギー密度の向上に資するものであるが、それに加えて車載用電
池において大きな体積を占めるものが電池パックとしたときの冷却機構
である。

　電池として機能する最小単位をセル、複数のセルを接続してケースに
収めたものをモジュール、複数個のモジュールとセンサやコントローラ
を収め、自動車に搭載される最終形態をパックと呼ぶ。電池の全固体化
は、セル、モジュールレベルでのエネルギー密度を向上させるものであ
るが、安全性や寿命を担保するために温度上昇を抑制する必要が高いリ
チウムイオン電池は、電池モジュール間に冷却のために空気の流路を確
保する必要がある。この流路自体は空洞であり、重量はゼロと考えても
よいものであるが、その体積は電池パックの体積エネルギー密度を大き
く低下させる。固体電解質を使用した全固体化が電池の耐熱性を向上さ
せるものであるならば、この流路が占める体積を大幅に低減することが
でき、電池パックのエネルギー密度を向上させることができる。

　低炭素社会実現に向けた蓄電池の重要性は、車載用電池にとどまらな

152

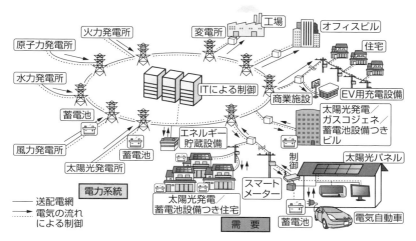

図 6.1　スマートグリッドの概念図

い。図 6.1 には、クリーンエネルギーの利用を促進し、さらにエネルギーの高効率利用を可能とするスマートグリッドの概念図を示した。クリーンではあるものの、時間的変動が大きく、計画的な発電が困難な太陽光発電や風力発電などの再生可能エネルギーを大量に電力系統に連系するためには、これら発電方式における時間的変動を抑え、電力の供給と需要をバランスするための蓄電池の存在が不可欠であることは言うまでもない。このような定置用の蓄電池の存在は、さらに火力、水力、原子力などの他の発電方式を含めた、各発電方式の特徴を生かしたベストミックスの達成に貢献するものでもある。

　このような用途で使用される定置型の蓄電池には、車載用途で求められるほどの高い体積エネルギー密度は必要とされないであろうが、建屋の上階に設置する際の蓄電池重量にある程度の制約が生まれる。さらにリチウムイオン電池に使用されている有機溶媒電解質は消防法上、第四類（引火性液体）第二石油類に指定されている。安全機構を幾重にも組み込むことで電池の安全性は確保できるかもしれないが、それ以前に、

第6章 全固体電池の展望

指定数量以上の貯蔵や取扱いは、危険物の規制に関する法令で定める技術基準に適合した施設でしか行うことができない。そのため、建屋内に多数の蓄電池を設置するには限界があり、不燃性電解質の採用はこのような障害を取り除くものでもある。このように、全固体電池は低炭素社会実現に向けて拡大する大型電池の需要にこたえるものとして期待されているものであるが、来るべき Society 5.0 では逆に超小型電源としての需要も開けそうである。

Society 5.0 は、狩猟社会（Society 1.0）、農耕社会（Society 2.0）、工業社会（Society 3.0）、情報社会（Society 4.0）に続く新たな社会として、第5期科学技術基本計画において我が国が目指すべき未来社会の姿として提唱されたもので、サイバー空間（仮想空間）とフィジカル空間（現実空間）を高度に融合させたシステムにより、経済発展と社会的課題の解決を両立する人間中心の社会を意味する。図 6.1 で示したエネルギー

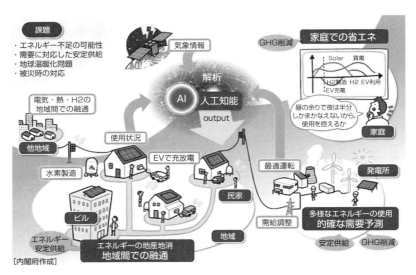

図 6.2 Society 5.0 において期待されるエネルギーバリューチェーン
出典：内閣府ホームページ「Society 5.0 新たな価値の事例（エネルギー）」

システムも Society 5.0 ではさらに高度化され、**図 6.2** に示したように気象情報や発電所の稼働状況、EV の充放電状態、各家庭での電力使用状況などの様々な情報を含むビッグデータを人工知能（AI）で解析することにより、的確な需要予測や気象予測を基にして多様なエネルギー源からのエネルギー供給が可能となる。さらに蓄電池や水素技術などを結び付けることでエネルギーの地産地消、地域間での融通を可能とし、社会全体のエネルギーの安定供給や地球温暖化ガスの排出削減などの環境負荷の軽減を図ることが可能となるとされている。

　このような高度なシステムを稼働させるためのビッグデータの構築には、あらゆるモノの情報をセンサで取得し、ネットワークを通して集める、いわゆる IoT 社会の実現が必須である。トリリオンセンサのビジョンでは、2023 年にはセンサ市場が年間 1 兆個に達し、2033 年には年間 45 兆個となると予想されているが、このようにあらゆるモノにセンサが取り付けられる社会は、当然のことながらあらゆるモノに電源が必要となる社会でもある。特に電源の確保が難しい場所では、光、振動、温度差、電波などの環境中のエネルギーを電気に変換するエネルギーハーベスティング技術とともに、蓄電池との組み合わせが基盤技術として期待されている。

　このような IoT 用途で要求される電池性能は様々なものであろうが、光や振動、温度差や電波などのいわゆる希薄なエネルギーを取り入れることを前提とするならば、蓄電池に要求される入出力性能はあまり高いものではないであろう。まだまだ、スマートフォンの駆動もおぼつかない酸化物系固体電解質の電池であるが、このような用途には十分に対応できるであろうし、セラミックコンデンサの製造技術が転用可能である点は大きなメリットである。また本書では Ag/I_2 電池などの例を引いて示したように、固体電解質中ではレドックスシャトルとして作用する不純物の拡散などが起こらないため、全固体電池は極めて自己放電の小さな電池となる。このことは全固体電池が微弱な電流でも充電が可能な電

第6章　全固体電池の展望

池であるということであり、このような IoT 用途に対する適合性の高い
電池系であるということが言える。このような新たに生まれる小型蓄電
池の用途を背景に、最近では国内のいくつかのセラミックメーカからは、
積層セラミックコンデンサの技術を応用した、小型の酸化物型全固体電
池も発表されるようになってきている。

　このように多彩な場面での活躍が期待される全固体電池であるが、特
異な道を歩んでいる電池系ということもできる。全固体電池は車載用途
をはじめとする大型電池が必要とされる分野で期待されている電池系で
あることは本書で繰り返し述べてきたことであり、硫化物系固体電解質
を使用した全固体電池は近い将来には車載に供されるとの報道も行われ
ている。現在のハイブリッド車をはじめとする電動自動車に搭載されて
いる蓄電池はニッケル–水素蓄電池やリチウムイオン電池であるが、こ
れらの電池は民生用途で長く使われた後に車載にいたっており、その期
間はニッケル–水素蓄電池で 10 年弱、リチウムイオン電池では 10 年を優
に超える。その間に性能や信頼性が向上し、様々な動作環境での振る舞
いなどが明らかになり、初めて車載にいたったわけであるが、全固体電
池は民生電池の段階を経ることなく、大型電池としてその姿を現そうと
しているかに思える。

　本書では主として全固体電池の材料技術を扱ってきたが、全固体電池
がこのような大型電池の形態で実用にいたるためには、プロセス技術や
システム化技術の開発も同時に極めて重要である。例えば大型化が期待
されている全固体電池においては、決して加工性に優れるとは言えない
セラミック材料から大面積の電解質層、電極層を作製するプロセス開発
が重要となってくる。また、耐熱性に優れる全固体電池といえども、体
積エネルギー密度を向上させるために冷却機構を切り詰めたモジュール
内やパック内では、外部と内部に配されたセルの温度に大きな違いが生
じ、それはさらにセル間での電池反応の進行速度の違いを生み出す。全
固体電池のこれまでの研究のほとんどは材料研究の段階であるが、大型

156

の電池を実現するためにはこのような電池システムなどの複雑系を構築するための電池化学を確立しなければならない。

　もちろんこれらの課題は、大型電池を開発するうえで避けては通ることのできないものであり、ニッケル–水素蓄電池やリチウムイオン電池が車載にいたる過程で取り組まれてきたものである。単一イオン伝導体である固体電解質を使用する全固体電池では反応機構も単純化されるため、これら大型化をなしえた液体電解質系電池よりも電池化学の把握は容易であるものと予想される。しかしながらその一方で、大型のセラミック部品という稀有な存在を実現するための技術開発は今後の大きな課題である。全固体電池開発の機運が高まる中、材料・プロセス・システムなどの研究者が一丸となってこの課題を解決に導くことを期待して、本書の結びとしたい。

索　引

英字

C レート ……………………………… 36
EDX …………………………………… 147
Hebb–Wargner 法 …………………… 145
Li Super Ionic Conductor ………… 38
$Li_{10}GeP_2S_{12}$ ……………………………… 33
Li_4GeS_4–Li_3PS_4 擬二成分相図 …… 47
$Li_7P_3S_{11}$ …………………………………… 33
Lipon ………………………………… 121
LISICON ……………………………… 38
Na Super Ionic Conductor ……… 31
NASICON ……………………… 19, 31
Raman 分光法 ……………………… 139
$Rb_4Cu_{16}I_7Cl_{13}$ ………………………… 19
$RbAg_4I_5$ …………………………………… 19
RF スパッタ法 ……………………… 118
SEI ……………………………………… 102
SEM …………………………………… 147
Society 5.0 …………………………… 154
thio–LISICON ……………………… 39
α–AgI ………………………… 17, 61
β–Al_2O_3 ………………………………… 30
β–PbF_2 ……………………………… 19
β–アルミナ ……………………… 19

あ

アルジロダイト ……………………… 42
安定化ジルコニア …………………… 16
硫黄正極 ……………………………… 97
イオン・電子混合導電性 ………… 15
イオン導電率 ………………………… 135
インターカレーション …………… 14
インターカレーション反応 ……… 63
エネルギー分散型 X 線分析 …… 147
エネルギー密度 ……………………… 4

か

ガーネット …………………………… 40
化学気相成長法 ……………………… 118
拡散種 ………………………………… 7
拡散律速 ……………………………… 94
活性化エネルギー …………………… 141
活物質 ………………………………… 14
加熱蒸着 ……………………………… 118
ガラス ………………………………… 42
ガラスセラミック …………………… 42
ガラス転移点 ………………………… 44
緩衝層 ………………………………… 88
機械混合 ……………………………… 135

索　引

銀イオン導電体 …………………… 17
空間電荷層 ………………………… 85
結晶構造解析 ……………………… 48
結晶配向 …………………………… 122
限界電流 …………………………… 94
合金化反応 ………………………… 14
高電位正極 …………………… 96, 125
固体イオニクス …………………… 18
固体電解質 ………………………… 7

さ

再生可能エネルギー ……………… 153
最大エントロピー法 ……………… 48
酸化物イオン導電体 ……………… 16
酸化物型全固体電池 ……………… 105
酸化物系固体電解質 ……………… 106
純粋なイオン導電体 ……………… 15
焼結 ………………………………… 108
シリコン負極 ……………………… 98
スーパーキャパシタ ……………… 36
スマートグリッド ………………… 153
全固体電池 ………………………… 3
相生成図 …………………………… 138
相転移 ……………………………… 17
双ローラー法 ……………………… 75

た

第一原理分子動力学計算 ………… 90
対称セル …………………………… 143

脱合金化反応 ……………………… 14
脱溶媒和過程 ………………… 11, 130
超イオン導電体 …………………… 18
ディインターカレーション ……… 14
低融点ガラス材料 ………………… 42
電位窓 ……………………………… 144
電解質 ……………………………… 14
電気化学的の分解反応 …………… 7
電気化学当量 ……………………… 10
電極電位 …………………………… 10
電極複合体 ………………………… 136
電子顕微鏡 ………………………… 147
導電助剤 …………………………… 146

な

ナトリウム硫黄電池 ……………… 20
ナトリウムイオン導電体 ………… 19
ナノイオニクス ……………… 38, 82
ネルンスト式 ……………………… 85
ネルンストランプ ………………… 16
濃度分極 …………………………… 11

は

バイポーラ構造 …………………… 8
薄膜電池 …………………………… 118
バルク型電池 ……………………… 60
反応分布 …………………………… 148
ヒドリドイオン（H^-）導電体 … 20
被覆層 ……………………………… 88

159

索 引

ファラデーの法則 ……………… 16
副格子 ……………………………… 46
フッ化物イオン導電体 ………… 19
プロトン導電体 ………………… 19
分極率 ……………………………… 46
ペロブスカイト ………………… 40
ホウ酸リチウム ……………… 109
ボルタ電池 ……………………… 17

ま

メカニカルミリング法 ………… 79

や

有機溶媒電解質 …………………… 5
輸率 ……………………………… 50
溶解析出 ………………………… 14

ら

ラゴンプロット ………………… 36
リートベルト法 ……………… 136
リチウム ………………………… 19
リチウム・フリー …………… 128
リチウムイオン電池 …………… 2
リチウムイオン輸率 …………… 70
リチウム−ヨウ素電池 ………… 67
粒界抵抗 ………………………… 42
粒界の抵抗 R_{gb} ……………… 141
硫化物型全固体電池 …………… 68
硫化物ガラス …………………… 71
硫化物系固体電解質 …………… 68
粒内（バルク）の抵抗 R_b …… 141
理論エネルギー密度 …………… 8

●編著者紹介

高田和典 （たかだ　かずのり）

1986 年	大阪大学博士前期課程修了、同年三重大学工学部資源化学科助手
1986 年	松下電器産業
1991 年	大阪市立大学　博士（工学）
1999 年	無機材質研究所
2001 年	物質・材料研究機構
2018 年	同エネルギー・環境材料研究拠点　拠点長、現在に至る

●著者紹介

菅野了次 （かんの　りょうじ）

1980 年	大阪大学修士課程修了、同年三重大学工学部資源化学科助手
1985 年	大阪大学　理学博士
1989 年	神戸大学　助教授
2001 年	東京工業大学　教授、現在に至る

鈴木耕太 （すずき　こうた）

2010 年	東京工業大学　修士課程修了
2010 年	日本学術振興会特別研究員（DC1）
2013 年	東京工業大学　博士課程修了　博士（理学）
2013 年	東京工業大学　助教
2017 年	JST さきがけ研究員（兼任）、現在に至る

全固体電池入門　　　　　　　　　　　NDC 542.1

2019 年 2 月 28 日　初版 1 刷発行	（定価はカバーに表示してあります）
2020 年 2 月 25 日　初版 3 刷発行	

ⓒ	編著者	高田　和典
ⓒ	著　者	菅野　了次
		鈴木　耕太
	発行者	井水　治博
	発行所	日刊工業新聞社
		〒 103-8548
		東京都中央区日本橋小網町 14-1
	電　話	書籍編集部　03（5644）7490
		販売・管理部　03（5644）7410
	ＦＡＸ	03（5644）7400
	振替口座	00190-2-186076
	ＵＲＬ	http://pub.nikkan.co.jp/
	e-mail	info@media.nikkan.co.jp
	印刷・製本	美研プリンティング㈱

落丁・乱丁本はお取り替えいたします。　　　2019 Printied in Japan

ISBN978-4-526-07939-9　C3054

本書の無断複写は、著作権法上での例外を除き、禁じられています。